职业教育创新融合系列教材

机械制造技术

马大永　宋志强　张开　主编
蒋洋　罗洁　副主编

JIXIE
ZHIZAO
JISHU

化学工业出版社
·北京·

内容简介

本教材由校企合作开发，按照项目任务形式编写，内容从转轴加工、工艺锤加工、传动轴加工和轴承套加工四个部分展开，将机械制造基础、工程材料与热处理、机械加工等内容整合在一起，使学生掌握普通车床、普通铣床加工工艺制订和操作技术，提高学生普通车床、普通铣床加工技术技能水平。为方便教学，本教材配套有视频微课、电子课件等丰富的数字资源。

本教材可作为职业院校机械类专业学生用书，也可供相关工程技术人员参考使用。

图书在版编目（CIP）数据

机械制造技术 / 马大永，宋志强，张开主编.
北京 ：化学工业出版社，2024. 12. --（职业教育创新融合系列教材）. -- ISBN 978-7-122-47061-4

Ⅰ. TH16

中国国家版本馆 CIP 数据核字第 20248YA217 号

责任编辑：韩庆利　　文字编辑：宋　旋
责任校对：宋　夏　　装帧设计：史利平

出版发行：化学工业出版社
（北京市东城区青年湖南街 13 号　邮政编码 100011）
印　　装：河北鑫兆源印刷有限公司
787mm×1092mm　1/16　印张 12　字数 301 千字
2024 年 12 月北京第 1 版第 1 次印刷

购书咨询：010-64518888　　售后服务：010-64518899
网　　址：http://www.cip.com.cn
凡购买本书，如有缺损质量问题，本社销售中心负责调换。

定　　价：45.00 元

前言

本教材依据机械制造技术课程要求，结合最新行业标准和职业技能标准编写，适用于职业院校机械类专业的机械制造技术课程教学，也可供相关工程技术人员参考使用。

本教材遵循职业院校的人才培养目标，坚持立德树人的根本任务，牢固树立以学生为主体的学生观、以满足需求标准的质量观、尊重与爱的教育观、培养高素质技术技能人才的人才观。教材中以企业典型零件的机械加工工艺过程为主线，以有效完成工作任务为路径组织知识、技术和技能训练内容，将机械制造基础、工程材料与热处理、机械加工等内容重新整合、梳理，形成机械制造技术理实一体课程。在内容上弱化理论知识，强化实践技能与素质提升；同时引入企业生产管理模式和理念，使学生在与企业相仿的实训环境和真实生产氛围中，逐步适应并初步形成企业化的价值观和行为模式。

本教材内容主要包括转轴加工、工艺锤加工、传动轴加工和轴承套加工，使学生掌握普通车床、普通铣床加工工艺制订和操作技术，提高学生普通车床、普通铣床加工技术技能水平。为方便教学，本教材配套有视频微课、电子课件。

本教材由马大永、宋志强、张开、蒋洋、罗洁、田友泉、张广柱、李立秋（企业）编写，并有多名企业专家和专业教师提出了宝贵意见，对提高教材质量帮助很大，在此一并表示感谢。

由于编者水平有限，书中难免存在不足之处，敬请批评指正。

编　者

目录

模块一

转轴加工

项目一　机械加工车间认知

项目二　车削加工

项目三　工件与刀具的装夹技术

项目四　定位销的外圆粗车

项目五　定位销的外圆精车

项目六　定位销的端面车削

项目七　台阶轴的车削

项目八　槽形工件的车削

项目九　转轴的加工

项目一

机械加工车间认知

学做目标：

1. 了解机械加工车间的概况；
2. 掌握机械加工车间6S管理的具体内容；
3. 掌握游标卡尺、千分尺、百分表等的读数与使用方法；
4. 能正确使用游标卡尺、千分尺等准确测量零件；
5. 能查阅有关资料和自我学习，并能灵活运用理论知识解决实际问题；
6. 能具有良好的思想道德素质和健康的心理，能够承受较强的工作负荷及工作、生活中的各种压力；
7. 能具有职业健康、环保、安全、创新、创业意识和团队协作、独立工作、应对突发事件等能力。

机械加工任务：

常用量具的读数、使用与测量方法。

任务一　机械加工车间简介

一、机械加工车间

1. 机械加工车间概述

机械加工车间是生产企业的基本生产单位，是企业经营产品的制造现场。它拥有一定量的原材料、零部件、外购件等加工对象，拥有厂房、设备、工具、夹具、量具等加工设施，还拥有各类员工。车间是具有完善组织系统并组织生产、指挥生产、完成生产任务的基层单位。

机械加工是指通过一种机械设备对工件的外形尺寸或性能进行改变的过程，它一般是通过工人操纵机床设备进行加工的，其方法有车削、钻削、镗削、铣削、刨削、拉削、磨削、研磨、超精加工和抛光等。按加工方式上的差别可分为切削加工和压力加工；按被加工的工件处于温度的状态，分为冷加工和热加工。冷加工是金属在低于再结晶温度的条件下进行塑性变形的加工方法，如切削、冲压、挤压加工等；热加工是在高于再结晶温度的条件下，使金属材料同时产生塑性变形和再结晶的加工方法，如热处理、锻造、铸造、焊接。热加工能使金属零件在成形的同时改变它的组织结构，或者使已成形的零件改变既定状态，以改善零件的力学性能。

随着科学技术和现代工业日新月异的飞速发展，机械加工也正朝着高精度、高效率、自动化、柔性化和智能化方向发展，它主要体现在以下三方面：加工设备朝着数字化、精密和超精密化以及高速和超高速方向发展。目前，普通加工、精密加工和高精度加工的精度已经达到了 1μm、0.01μm 和 0.001μm，正向原子级加工逼近；刀具材料朝超硬刀具材料方向发展；生产规模由目前的小批量和单品种大批量向多品种变批量的方向发展，生产方式由目前的手工操作、机械化、单机自动化、刚性流水线自动化向柔性自动化和智能自动化方向发展。

2. 机械加工车间组织机构

车间一般由若干工段和班组组成。车间行政负责人是车间主任，在车间主任之下，根据需要设若干副主任协助主任工作，还设有必要的办事人员，如统计员、质检员、工艺技术员、生产调度员、设备管理员等。

车间常见的管理组织形态结构有直线制、职能制、直线职能制；现代企业还分有事业部制、模拟分权制、矩阵制、网络组织、虚拟组织等组织结构。

其中，直线职能制是我国目前大多数企业，甚至机关、学校、医院等采用的组织形态结构，同时也是制造业中、小企业中最常见的、运用得最为广泛的一个组织形态结构，如图 1-1 所示。

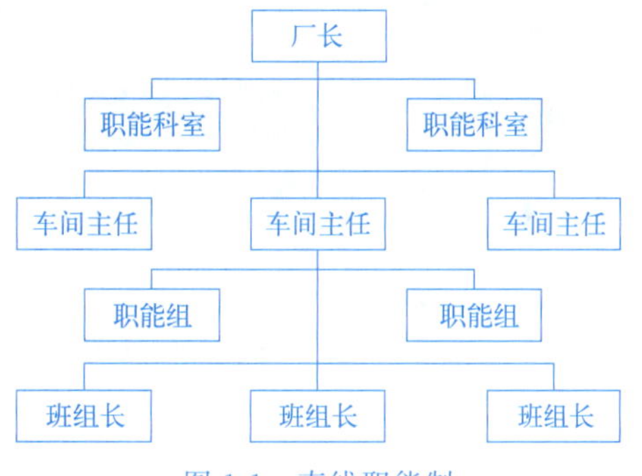

图 1-1　直线职能制

3. 机械加工实训车间组织机构

借鉴企业的管理方法，建立相应的实训车间组织体系（属于直线职能制），分别由教研室、实训车间、班级承担厂级、车间及班组三级生产管理职能，由实训指导老师或管理人员兼任车间主任、生产调度员及质检员等职，学生班干部兼任班组长。通过车间的组织机构图，安排班组的分组及班组长的工作，并明确各自的工作职责。实训车间组织机构如图 1-2 所示。

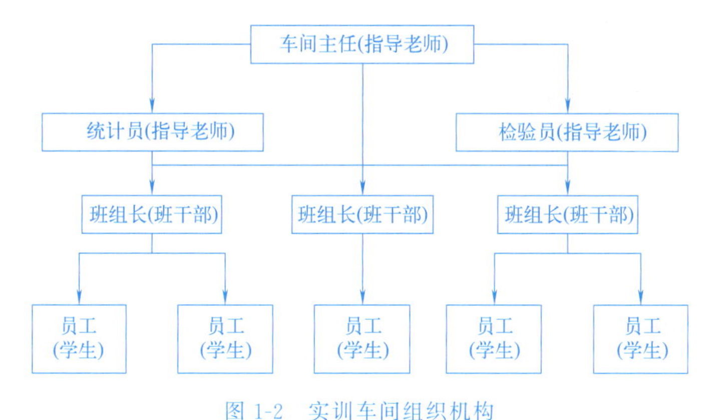

图 1-2　实训车间组织机构

4. 实训生产

由车间下达产品生产任务，即实训任务。学生按要求完成各项工作及零件的制作，并参与管理生产过程的各个环节、检查验收生产零件的质和量，以此作为实训的主要考核内容。

通过完整的生产过程这条主线，把实训各个要素有机地贯穿起来。

二、车间的6S管理

6S管理针对企业中每一位员工的日常行为方面提出要求，倡导从小事做起，力求每位员工都养成事事“讲究”的习惯，从而达到提高整体工作质量的目的。6S管理的内容为整理、整顿、清扫、清洁、素养和安全，如图1-3所示。

图1-3 企业的6S宣传板

1. 整理

① 物品原料、成品、半成品、废料。

② 机械加工专用工具箱架、工具等。

③ 图纸资料、使用登记卡、保养卡。

④ 劳保用品、私人用品及衣物。

⑤ 润滑油、切削液、清洁用品等。

2. 整顿

① 材料或废料、余料等放置在规定地方。

② 工装夹具、车工专用工具等正确使用，摆放整齐。

③ 机床上不摆放物品、工具。

④ 图纸资料、保养卡等记录，定位放置在工具箱上层。

⑤ 手推车、小拖车、置料车等定位放置。

⑥ 润滑油、切削液、清洁剂等用品定位、标示。

⑦ 对作业场所予以划分并加注场所名称。

⑧ 清洁用品（如抹布、扫把等）定位摆放，定量管理。

⑨ 加工过程中，材料、待检材料、成品、半成品等堆放整齐。

⑩ 所有生产用工具、夹具、零件等定位摆设。

3. 清扫

① 下班前打扫、收拾。

② 清理擦拭机器设备、工具箱、门、窗。

③ 扫除垃圾、铁屑、塑料袋、破布。

④ 将废料、余料等归类清理。

⑤ 清除地面、作业区的油污。

⑥ 垃圾箱、桶内外清扫干净。

4. 清洁

① 工作环境随时保持整齐干净。

② 长期不用（如：一月以上）物品、材料、设备等加盖防尘。

③ 保持地上、门窗、墙壁的清洁。

④ 墙壁油漆剥落或地上画线油漆剥落的应及时修补。

5. 素养

① 遵守作息时间（不迟到、早退、无故缺席）。

② 工作态度良好（不闲谈、说笑、离开工作岗位、玩手机、看小说、打瞌睡、吃东西）。

③ 服装穿戴整齐，不穿拖鞋。

④ 使用公共物品时，能归位，并保持清洁。

⑤ 停工前打扫和整理。

⑥ 遵照规定做事，不违背规章制度。

⑦ 上班时一定要穿戴好工作服、工作鞋帽。

6. 安全

① 建立系统的安全管理制度，每台机床上都有安全操作规程。

② 重视现场安全教育。

③ 实行现场安全巡视。

④ 生产、实训结束后，须切断电器设备电源，保持安全状态。

⑤ 应急灯等照明设施应齐全完好，保持干净。

⑥ 消防通道保持畅通、清洁、无堆积物。

⑦ 定期检查电源线、开关、插座等设施设备的安全状态。

三、任务实施

简述机械加工车间概况和6S管理的具体内容。

任务二　常用量具使用

生产中每一个零件都必须根据图纸上规定的尺寸公差要求来生产制造，而检验零件的质量则是通过量具来完成的，测量是保证零件加工精度及检验零件是否合格的基本手段。所以，正确地选择、合理地使用和及时维护保养量具是保证产品质量的重要条件之一。量具很多，下面简单介绍几种。

一、游标卡尺

游标卡尺是一种测量长度、内外径、孔径、深度等尺寸的量具。和游标卡尺功能相同的还有带表卡尺和电子数显卡尺等，结构简单，使用方便。

1. 游标卡尺结构

游标卡尺由主尺和附在主尺上能滑动的游标两部分构成。其中，游标卡尺的主尺和游标上有两副活动量爪，分别是内测量爪和外测量爪，内测量爪通常用来测量内径，外测量爪通常用来测量长度和外径。游标卡尺是一种中等精度的量具，按测量读数分，有 0.1mm、0.05mm 和 0.02mm 三种游标卡尺。常用读数为 0.02mm。游标卡尺结构如图 1-4 所示。

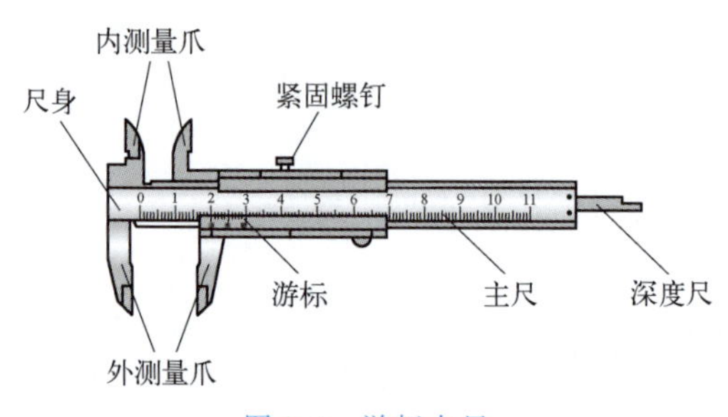

图 1-4　游标卡尺

游标卡尺各部分作用如下。

① 主尺（尺身）、副尺（游标）：读数。

② 紧固螺钉：固定或松开副尺。

③ 外测量爪：测量工件的外径和长度。

④ 内测量爪：测量工件的内径。

⑤ 深度尺：测量深度或高度尺寸。

2. 游标卡尺的原理

如图 1-5 所示，0.02mm 示值的游标卡尺，主尺每小格为 1mm，游标刻线总长为 49mm，并等分为 50 格，因此每格为 49/50＝0.98（mm），则尺身和游标相对之差为 1－0.98＝0.02（mm），所以它的读数示值为 0.02mm。

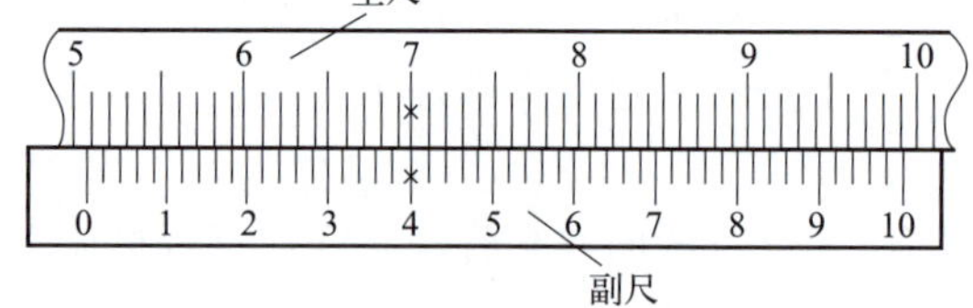

图 1-5　游标卡尺原理

游标卡尺的读数与使用

3. 游标卡尺的使用

测量时，右手拿住尺身，大拇指移动游标，左手拿待测外径（或内径）的物体，使待测物位于外测量爪之间，当与量爪紧紧相贴时，即可读数。

① 测量时，旋松紧固螺钉可使活动尺身移动；

② 利用主尺和副尺的刻度线进行读数；

③ 可直接在测量时读数，也可测量后将紧固螺钉旋紧，拿下来再读数。

4. 游标卡尺的读数

测量时，读数分三个步骤，如图 1-6 所示。

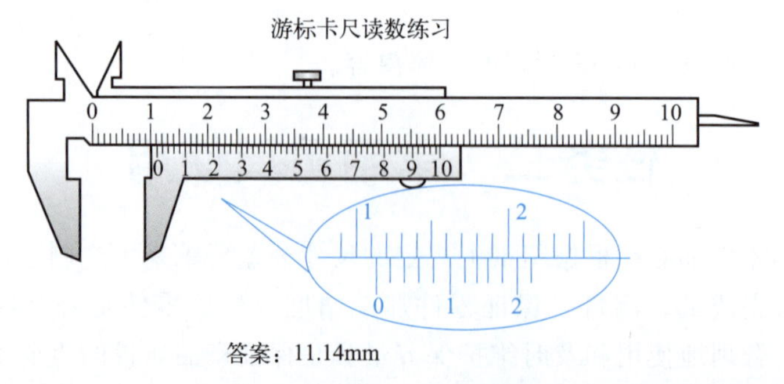

图 1-6　游标卡尺的读数

① 先读出整数部分，即游标零刻度线左侧与尺身最近的一条刻线。
② 再读小数部分，即游标零刻线右边哪一条线与尺身刻线重合。
③ 将读数的整数部分与读数的小数部分相加即为所求的读数。
读数＝整数部分＋小数部分－零误差。

二、千分尺

千分尺是比游标卡尺更精密的测量长度的工具，用它测长度可以精确到 0.01mm。千分尺的种类很多，按用途和结构可分为：外径千分尺、内径千分尺、内测千分尺、深度千分尺、壁厚千分尺、杠杆千分尺、螺纹千分尺、公法线千分尺等。

1. 外径千分尺的结构

外径千分尺是依据螺旋放大的原理制成的，即螺杆在螺母中旋转一周，螺杆便沿着旋转轴线方向前进或后退一个螺距的距离。因此，沿轴线方向移动的微小距离，就能用圆周上的读数表示出来。螺旋测微器的精密螺纹的螺距是 0.5mm，可动刻度有 50 个等分刻度，可动刻度旋转一周，测微螺杆可前进或后退 0.5mm，因此旋转每个小分度，相当于测微螺杆前进或后退 0.5/50＝0.01（mm）。可见，可动刻度每一小分度表示 0.01mm，所以螺旋测微器可精确到 0.01mm。由于还能再估读后一位小数，即可读到毫米的千分位，故又名千分尺。

外径千分尺是一种精密量具，测量精度比游标卡尺高，而且较灵敏。其规格按测量范围可分为 0～25mm、25～50mm、50～75mm、75～100mm、100～125mm 等，使用时按被测量工件的尺寸选取。千分尺的制造精度分为 0 级、1 级；0 级最高，1 级较差，其制造精度主要是由它的示值误差和两测量面平行度误差的大小来决定的。千分尺的结构如图 1-7 所示。

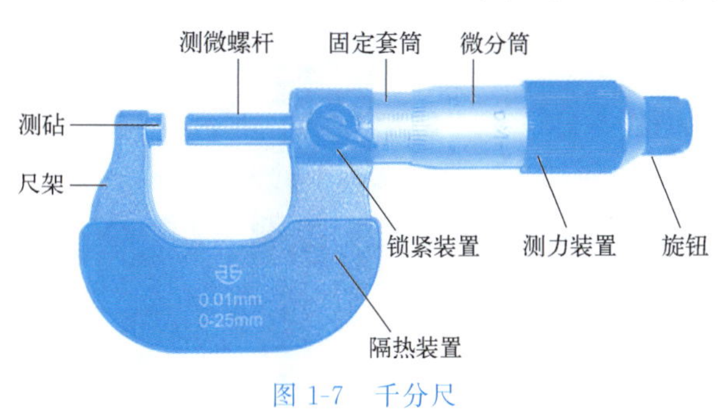

图 1-7　千分尺

外径千分尺的读数与使用

2. 外径千分尺的工作原理

外径千分尺测微螺杆的螺距为 0.5mm，固定套筒上刻线距离，每格为 0.5mm（分上下刻线）。当微分筒转一周时，测微螺杆就移动 0.5mm，微分筒的圆周上共刻有 50 格，因此当微分筒转一格时（1/50 转），测微螺杆移动 0.5/50＝0.01（mm），所以常用的外径千分尺的测量示值为 0.01mm。

3. 外径千分尺的使用

① 用外径千分尺测量前，必须校正其零位。即测量前，转动千分尺的棘轮，使两测砧面贴合，并检查是否密合，同时看活动套筒与固定套筒的零线是否对齐，如有偏差应调整固定套筒对零。

② 测量时，可单手或双手握持千分尺对工件进行测量（双手更好），左手握住尺架，用右手旋转测力装置，当螺杆即将接触工件时，改为旋转棘轮盘，直到棘轮发出“咔”“咔”声为止。

③ 单手测量时旋转力要适当，控制好测量力，一般也可用标准量块来比较测量力。

4. 千分尺的读数方法

具体读数方法可分如下三步。

① 读出固定套筒上露出刻线的毫米数和半毫米数。

② 看微分筒上的哪一格与固定套筒上基准线对齐，并读出不足半毫米的小数部分。

③ 将两个读数相加，即为测得的实际尺寸，如图 1-8 所示。

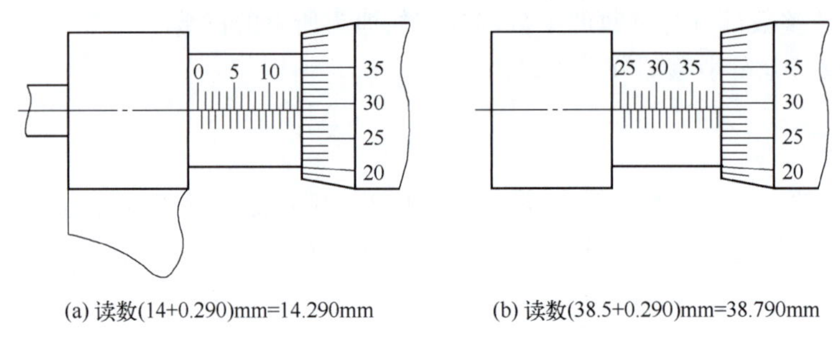

(a) 读数(14+0.290)mm=14.290mm　　(b) 读数(38.5+0.290)mm=38.790mm

图 1-8　千分尺的读数

三、高度游标卡尺

高度游标卡尺，是利用尺身和游标刻线间长度之差原理制成的量具和划线工具，其刻线原理及读数方法和游标卡尺相似，主要用来测量高度和划线。高度游标卡尺如图 1-9 所示。

高度游标卡尺主要由尺身、游标、量块和尺座等组成。尺身紧固在底座上并与底座底面垂直。

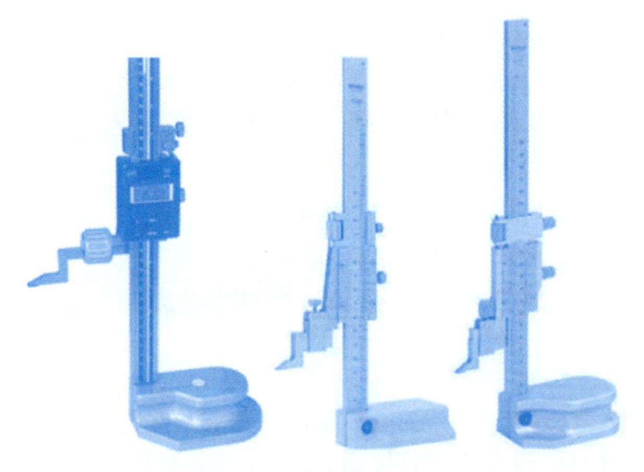

图 1-9　高度游标卡尺

使用高度游标卡尺时要注意以下几点：

① 测量前应将高度游标卡尺的量块和底座擦拭干净，检查并校对零位。

② 测量时，把高度尺和被测工件一起放在平板上，移动游标使量块升高的距离略大于被测工件尺寸，将尺座贴靠在平板面上，轻移游标，使游标量块贴靠在工件的测量面上，测力大小要适宜。

③ 读数时，应拧紧紧固螺钉，从工件上移出高度尺再读出数值。

④ 在工件上直接读数时，应避免视线误差。

⑤ 划线时，把高度尺和被测工件一起放在平板上，移动游标对好所需尺寸，拧紧紧固螺钉，用手握住高度尺底座，贴着平板让量爪的刃沿着工件表面均匀地移动。

⑥ 搬动高度游标卡尺时，应一手托着底座，一手扶尺身。不允许竖着或横着提尺身。

⑦ 高度游标卡尺使用后应竖直放置，不能和工具、刀具等混放在一起，使用完毕后应擦拭干净并放入专用盒内保存。

四、百分表和千分表

百分表和千分表都是利用精密齿条齿轮机构制成的表式通用长度测量工具，常用于形状和位置误差以及小位移的长度测量，具有防振机构，使用寿命长，精度可靠。

百分表适用于尺寸精度为IT6～IT8级零件的校正和检验；千分表则适用于尺寸精度为IT5～IT7级零件的校正和检验。百分表和千分表按其制造精度，可分为0级、1级、2级三种，0级精度较高。

改变测量头形状并配以相应的支架，可制成百分表的变形品种，如厚度百分表、深度百分表和内径百分表等。如用杠杆代替齿条可制成杠杆百分表和杠杆千分表。下面仅以百分表为例来说明。

1. 百分表的结构和传动原理

百分表的结构和传动原理如图1-10所示。

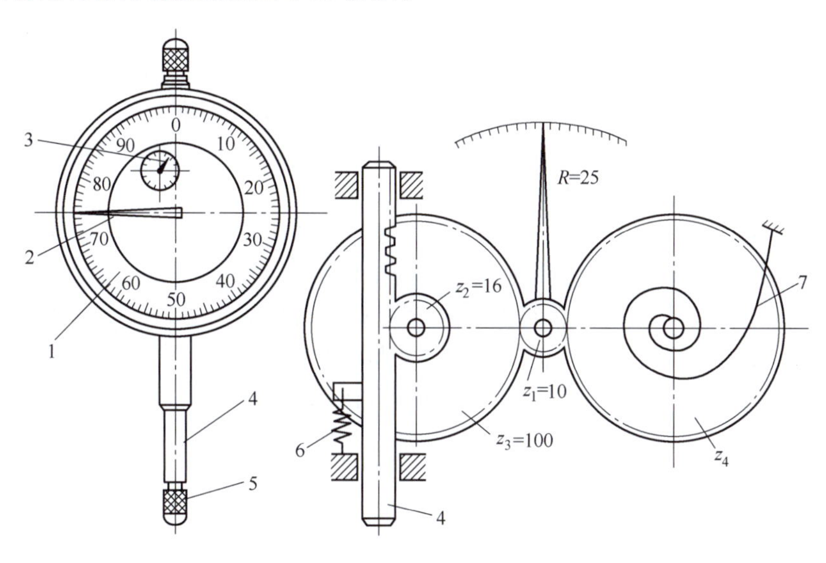

图1-10　百分表的结构和传动原理

1—表盘；2—大指针；3—小指针；4—测量杆；5—测量头；6—弹簧；7—游丝

百分表是一种精度较高的比较量具，它只能测出相对数值，不能测出绝对数值，分度值为0.01mm，测量范围常用的为0～3mm、0～5mm、0～10mm。

2. 测量原理

百分表是利用齿条齿轮或杠杆齿轮传动，将测量杆的直线位移变为指针的角位移的计量器具。

测量时，当带有齿条的测量杆上升时，带动小齿轮 z_2 转动，与 z_2 同轴的大齿轮 z_3 及小指针也跟着转动，而 z_3 又带动小齿轮 z_1 及其轴上的大指针偏转。游丝的作用是迫使所有齿轮做单向啮合，以消除由齿侧间隙而引起的测量误差。弹簧是用来控制测量力的。

（1）百分表的读数

先读小指针转过的刻度线（即毫米整数），再读大指针转过的刻度线（即小数部分），并乘以0.01，然后两者相加，即得到所测量的数值。

（2）百分表无法单独使用

一般需要利用专用夹持工具（如磁性表座、万能表架等）来安装固定使用。

（3）测量步骤

① 用百分表校正或测量零件时，应当使测量杆有一定的初始测力，即在测量头与零件表面接触时，测量杆应有0.3～1mm的压缩量（千分表可小一点，有0.1mm即可），使指针转过半圈左右，然后转动表圈，使表盘的零位刻线对准指针。轻轻地拉动手提测量杆的圆头，拉起和放松几次，检查指针所指的零位有无改变。当指针的零位稳定后，再开始测量或校正零件的工作。如果是校正零件，此时开始改变零件的相对位置，读出指针的偏摆值，就是零件安装的偏差数值。

② 检查工件平行度时，将工件放在平台上，使测量头与工件表面接触，调整指针使其摆动。然后把刻度盘零位对准指针，跟着慢慢地移动表座或工件。当指针顺时针摆动时，说明工件偏高；逆时针摆动，则说明工件偏低了。

③ 轴类零件圆度、圆柱度及跳动。当进行轴测的时候，就是以指针摆动最大数字为读数（最高点），测量孔的时候，就是以指针摆动最小数字（最低点）为读数。

3. 使用注意事项

① 使用前，应检查测量杆活动的灵活性，即轻轻推动测量杆时，测量杆在套筒内的移动要灵活，没有轧卡现象。每次手松开后，指针能回到原来的刻度位置。

② 使用时，必须把百分表固定在可靠的夹持架上。切不可贪图省事，随便夹在不稳固的地方，否则容易造成测量结果不准确，或摔坏百分表。

③ 测量时，不要使测量杆的行程超过它的测量范围，不要使表头突然撞到工件上，也不要用百分表测量表面粗糙或有显著凹凸不平的工件。

④ 测量平面时，百分表的测量杆要与平面垂直；测量圆柱形工件时，测量杆要与工件的中心线垂直。否则，将使测量杆活动不灵或测量结果不准确。

⑤ 为方便读数，在测量前一般都让大指针指到刻度盘的零位。

五、万能角度尺

1. 万能角度尺的结构

万能角度尺是用来测量工件内外角度的量具，如图1-11所示。按游标的测量精度分为2′和5′两种，其测量范围为0°～320°，钳工常用测量精度为2′的万能角度尺。

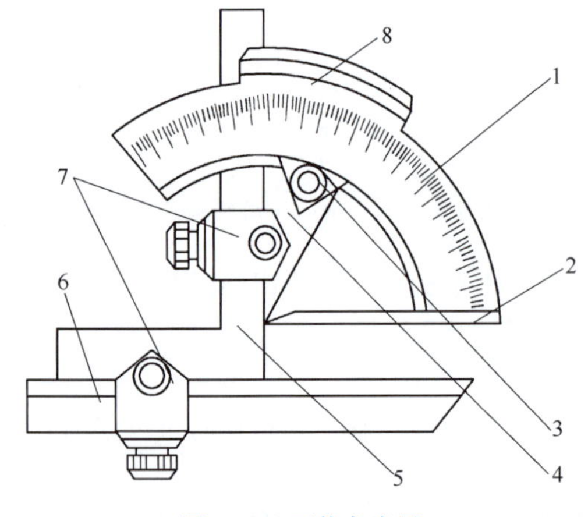

图1-11　万能角度尺

1—主尺；2—测量面；3—紧固螺钉；4,8—副尺；5—角尺；6—直尺；7—夹块

2. 万能角度尺的刻线原理

万能角度尺与游标卡尺基本相同，不同的是，它测量的是角度。如主尺的每一小格为1°，副刻线角度为29°，并等分为60格，每格为0.96667°。因此，副尺的每一格为58′，主尺与副尺相对一格之差为2′，所以测量的最小读数为2′。

3. 万能角度尺的读数方法

万能角度尺的读数方法与游标卡尺相似，如图1-12所示，先从尺身上读出游标零刻线前的整数，再从游标上读出“分”数，两者相加就是被测的角度数值。

4. 万能角度尺的测量范围

如图1-13所示，通过角尺和直尺的移动和拆除，万能角度尺可测量0°～320°的任何角度。

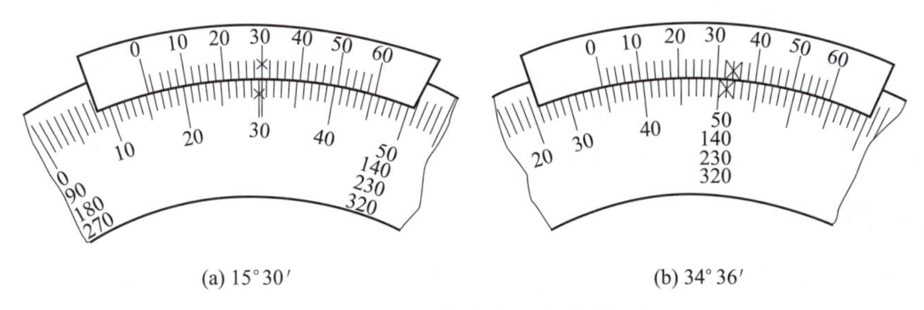

(a) 15°30′　　(b) 34°36′

图 1-12　万能角度尺的读数

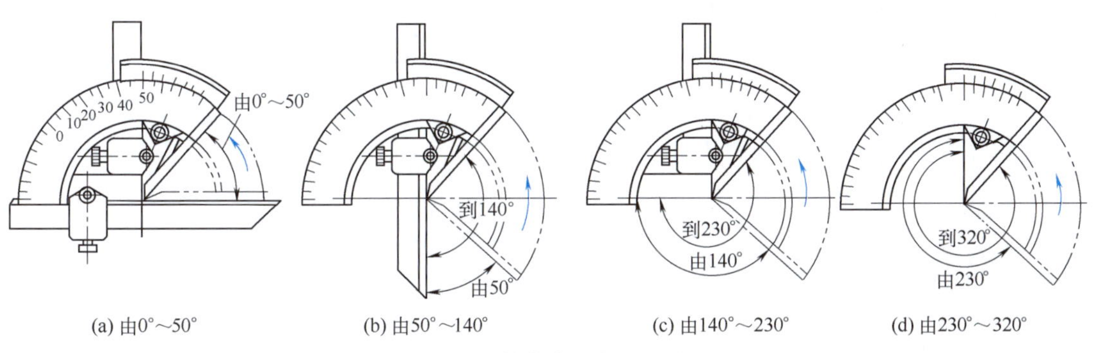

(a) 由0°～50°　　(b) 由50°～140°　　(c) 由140°～230°　　(d) 由230°～320°

图 1-13　万能角度尺的测量范围

六、任务实施

① 外径与内径的检测；
② 圆度、圆柱度、同轴度与径向跳动的检测；
③ 垂直度与圆锥角度的检测。

练习题

一、选择题

1. 检验精度高的圆锥角度常采用（　　）测量。
A. 样板　　B. 锥形量规　　C. 万能角度尺
2. 被测量工件的尺寸公差为0.03～0.10mm，应选用（　　）。
A. 千分尺　　B. 0.02mm 游标卡尺　　C. 0.05mm 游标卡尺
3. 如遇人触电，必须以最快的方法使触电者脱离电源，方法是（　　）。
A. 立即切断电源开关　　B. 用手拉开触电者
C. 喊人
4. 精确测量工件圆度，需用（　　）。
A. 游标卡尺　　B. 千分尺　　C. 万能角度尺　　D. 百分表
5. 万能角度尺只装直尺，可测量的范围为（　　）。
A. 1°～50°　　B. 50°～140°　　C. 140°～230°　　D. 230°～320°
6. 测高和划线使用的是（　　）。
A. 游标卡尺　　B. 外径千分尺　　C. 高度游标卡尺　　D. 钢直尺

7. 用百分表测量平面时，测量杆要与被测表面（　　）。

A. 成45°夹角　　B. 平行　　C. 成30°夹角　　D. 垂直

8. 清除切屑时，（　　）直接清除。

A. 允许用手　　B. 不允许用手　　C. 可用嘴吹　　D. 可使用量具

二、判断题

1. 百分表可以测量位置精度和形状精度。（　　）

2. 精车外圆时可用游标卡尺进行测量。（　　）

3. 万能角度尺可测量的范围为0°～360°。（　　）

项目二 ▶▶

车削加工

学做目标：

1. 掌握切削用量及切削用量选择的一般原则；
2. 掌握车床各部分名称及功用；
3. 能熟练操作车床；
4. 掌握行业标准与规范的查阅与使用；
5. 能查阅有关资料和自我学习，并能灵活运用理论知识解决实际问题；
6. 能具有良好的思想道德素质和健康的心理，能够承受较强的工作负荷及工作、生活中的各种压力；
7. 能具有职业健康、环保、安全、创新、创业意识和团队协作、独立工作、应对突发事件等能力。

机械加工任务：

车床的操作。

任务一　车削加工认知

机械制造工业是国民经济的重要组成部分，是国家的支柱产业之一，担负着为国民经济各部门提供技术装备的任务，是技术进步的重要基础。在科学技术飞速发展、高新技术不断涌现的当代，对机械制造工业提出了更高更新的技术要求。少、无切削技术，特种加工，数控加工等的发展和应用越来越广泛。但在实际生产中，绝大多数的机械零件仍需要通过切削加工来达到规定的尺寸、形状、位置精度和表面粗糙度，以满足产品的性能和使用要求。在车、铣、刨、磨、钳、制齿等诸多切削加工专业中，车削加工是最基本、应用最广泛的专业，车床在金属切削机床的配置中约占50%。

一、车削的基本内容

车削是工件旋转做主运动，车刀做进给运动的切削加工方法。

在车床上可加工各种不同形状工件的回转表面，如内、外圆柱面，内、外圆锥面，成形面，各种螺纹等。此外，还可加工回转体工件的端面、台阶面，进行车槽和表面修饰加工等。

二、车工安全操作规程

机械加工中，坚持安全文明生产是保障学生和设备的安全，防止伤害和设备事故的根本保证，同时也是车间科学管理的一项十分重要的手段。它直接影响到人身安全以及产品质量和生产效率的提高，影响设备和工、夹、量具的使用寿命和工人操作技术水平的正常发挥。

1. 车工操作时，应按以下操作规程操作

① 开车前，应检查车床是否完好，各手柄位置是否正确，防护装置是否正常。

② 车床应先低速运转 1～2min，使润滑油散布到各个部位，然后才能正常工作。

③ 变速时，应停车后再变速；进给机构应在低速条件下调整。不准用电器开关做正、反转紧急停车。

④ 除车螺纹外，不准用丝杠做进给运动，以保障丝杠的精度。

⑤ 为了保护导轨面，不允许在上面敲击或校直工件以及放置工具或工件。装夹、找正较重的工件时，应在床面上放置木板保护床面。

⑥ 工件上的型砂杂质应去除，以免磨坏床面。

⑦ 切削液应定期更换。

⑧ 工作完毕，应清除切屑，擦净车床各部位的油污；按规定加注润滑油。同时，将床鞍摇至车床尾座一端，各手柄放到空挡位置，关闭电源，最后把车床周围打扫干净。

2. 操作时，车工必须严格遵守下列安全技术要求

① 操作前要穿工作服，袖口应扎紧，戴好工作帽，女工头发应塞入帽内。夏季禁止穿裙子、短裤和凉鞋操作车床，不准戴手套。

② 工作时，必须集中精力，不许擅离车床。

③ 工作时，头不能离工件太近，以防切屑飞进眼睛；车削碎状切屑时，必须戴上护目镜。

④ 装夹工件、更换刀具、测量加工表面及变换速度时，须先停车。

⑤ 车床开动时不准用手去摸工件表面，特别是加工螺纹时，严禁用手抚摸螺纹面。

⑥ 工件和车刀必须装夹牢固，以防卡盘在旋转中发生飞出事故。

⑦ 停车时，不准用手去刹住转动的卡盘。

⑧ 车削时，清除铁屑要用铁钩子，绝不允许用手直接去拿或用量具去钩。

⑨ 工件装夹完毕，应及时取下卡盘扳手，以防开车后飞出伤人。

⑩ 不准任意拆装电器设备。

三、文明生产

① 工具、夹具、量具及工件，应集中放在操作者周围，不能放在车床的导轨上。

② 量具和刀具不能混放，应分开放置。

③ 工具箱应保持清洁、整齐。

④ 加工图样要保持整洁与完整。

⑤ 毛坯件与已加工工件要分开堆放。

⑥ 量具用完后要擦净、涂油，放入盒内并及时归还给工具室。

⑦ 车床周围应经常保持通畅、清洁。

四、车削运动

车床的切削运动是指工件的旋转运动和车刀的直线运动。车刀的直线运动又叫进给运

动，而进给运动又分为纵向进给运动和横向进给运动。

1. 主运动

车削时形成切削速度的运动叫主运动。工件的旋转运动就是主运动。

2. 进给运动

使工件多余材料不断被车去的运动叫进给运动。车外圆是纵向进给运动，车端面、切断、车槽是横向进给运动。进给运动可通过手动或机动两种方式实现。

3. 工件上的表面

工件上的表面如图 2-1 所示，分为三个部分。待加工表面：工件上将要被车去多余材料的表面。已加工表面：工件上经车刀车削后产生的新表面。加工（过渡）表面：工件上切削刃正在切削的表面。

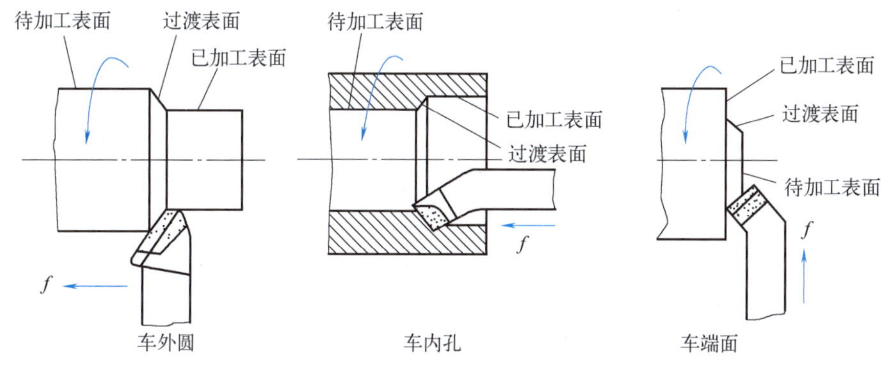

图 2-1　工件上的表面

4. 切削用量

切削用量的选择，对生产率、加工成本和加工质量均有重要影响。切削用量不能任意选取，应综合考虑各种制约因素，选择最佳组合。

约束切削用量选择的主要条件有：工件的加工要求，包括加工质量要求和生产效率要求、刀具材料的切削性能、机床性能，包括动力特性（功率、扭矩）和运动特性、刀具寿命要求以及经济性。

切削用量三要素分别是切削速度 v_c、进给量 f、背吃刀量 a_p。

（1）切削速度 v_c

切削时，刀具切削刃上某选定点相对于待加工表面在主运动方向上的瞬时速度称为切削速度 v_c，如式（2-1）所示。

$$v_c=\frac{\pi \times n \times d}{1000} \tag{2-1}$$

式中　v_c——切削速度，m/min；

n——主轴转速，r/min；

d——工件或刀具的最大直径，mm。

车端面、切断时切削速度是变化的，切削速度随车削直径的减小而减小，但计算时应以最初的尺寸来计算。

在实际应用上，查机械加工手册或根据经验选定切削速度，然后计算车床主轴转速（即工件转速）。

（2）进给量

工件每转一周，刀具沿进给方向移动的距离称为进给量 f，单位为 mm/r，包括纵向进给和横向进给。

（3）背吃刀量

工件上已加工表面和待加工表面之间的垂直距离称为背吃刀量，用符号 a_p 表示，其计算如式（2-2）所示。

$$a_p=(d_w-d_m)/2 \tag{2-2}$$

式中 d_w——待加工表面直径，mm；

d_m——已加工表面直径，mm。

5. 粗车与精车

车削工件时，车削过程一般可分为粗车、半精车、精车三个阶段。粗车时，主要目的是快速去除工件的余料，使工件接近所需的形状和尺寸。半精车与精车主要是为了保证工件的尺寸精度和较低的表面粗糙度值。加工时，一般采取粗、精分开的原则。

车削用量的选择就是要在选择好刀具材料、刀具几何角度的基础上，确定背吃刀量 a_p、进给量 f 和切削速度 v_c。在车削用量中，对刀具的耐用度来说，v_c 的影响最大，f 的影响次之，a_p 的影响最小；对切削力来说，a_p 的影响最大，f 的影响次之，v_c 的影响最小；对粗糙度和精度来说，f 的影响最大，a_p 和 v_c 的影响较小。切削用量要根据这些规律合理选择。

① 粗车时，为提高效率应尽可能去除余料。选择切削用量时应首先选取尽可能大的背吃刀量 a_p，其次根据机床动力和刚性的限制条件，选取尽可能大的进给量 f，最后根据刀具耐用度要求，确定合适的切削速度 v_c。增大背吃刀量 a_p 可使走刀次数减少，增大进给量 f 有利于断屑。

② 精车时，为保证加工精度和表面粗糙度要求，选择精车的切削用量时，应着重考虑如何保证加工质量。因此，精车时应选用较小的背吃刀量和进给量，但背吃刀量不能太小，太小了表面粗糙度反而不好；同时，选用性能高的刀具材料和合理的几何参数，尽可能提高切削速度，见表 2-1。

表 2-1　切削用量三要素优先选择表

切削用量	切削阶段			
	粗车		精车	
背吃刀量	大	第一选择	根据余量	第三选择
进给量	较大	第二选择	较小	第二选择
切削速度	较低	第三选择	高	第一选择

如在实践中，粗车时，高速钢车刀切削速度一般取 25m/min 左右，硬质合金车刀切削速度在 50m/min 左右；精车时，切削速度一般选择在 0.5～4m/min 的低速区或 60～100m/min 的高速区内。选择切削速度时还应注意：车削硬钢比车削软钢时切削速度要低一些，车削铸件比车削钢件时切削速度要低一些，不用切削液时比用切削液时切削速度要低一些。

五、任务实施

进行切削用量选择。

任务二　车削加工基本知识认知

一、车床的基本工作内容

车工是机械加工中最常见的工种之一，它所用的设备是车床。车床是利用工件的回转运动和刀具的直线移动来加工工件的，车床常用于加工回转体零件。工件旋转做主运动，车刀做进给运动的切削加工方法称为车削。

车床的基本车削内容有：车外圆、车端面、车锥面、车沟槽和切断、钻中心孔和钻孔、车孔和铰孔、车螺纹和攻螺纹、车成形面和滚花以及盘绕弹簧等，如图 2-2 所示。

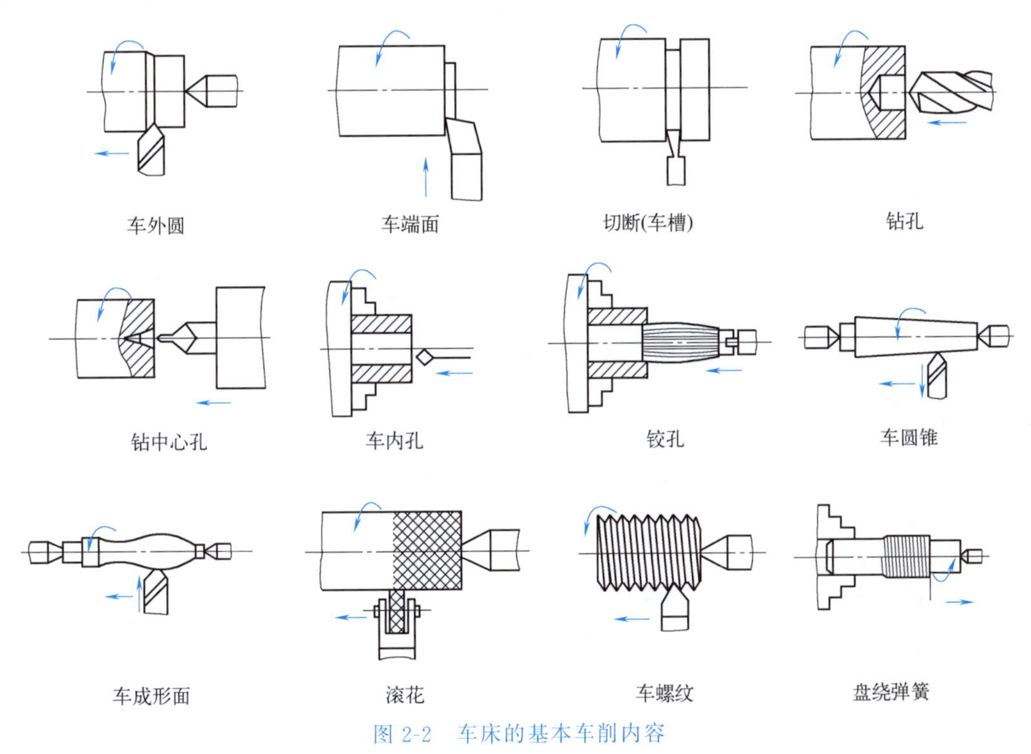

图 2-2　车床的基本车削内容

认识车床

二、车床各部分名称和用途

1. 车床分类

车床有许多种类，按结构和用途的不同，可分为普通卧式车床、落地车床、六角车床、单轴自动车床、多轴自动/半自动车床、多刀车床、仿形车床、仪表车床及专用车床等。而普通卧式车床（图 2-3）用得最多，本教材以普通卧式车床 CA6140A 型为例进行介绍。

CA6140A 为车床型号，如图 2-4 所示。其中字母 C 为车床代号，前一个大写字母 A 为性能代号，61 表示普通卧式，40 表示被加工工件的最大回转直径为 400mm，后一个大写字母 A 表示改进次数，并以英文字母顺序表示。

2. 主要部件和用途

（1）主轴变速箱

简称主轴箱，内装变速机构和主轴。主轴变速箱的正面有变速操作手柄。电动机的运动

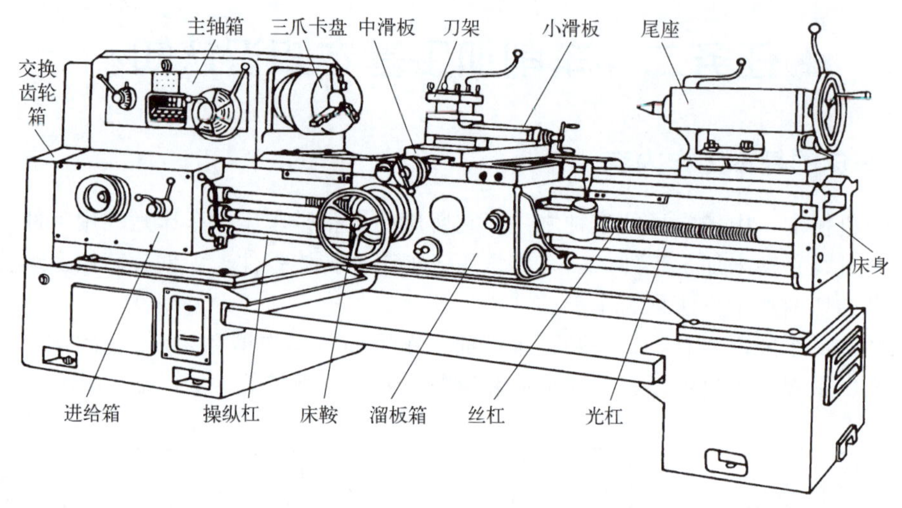

图 2-3　普通卧式车床

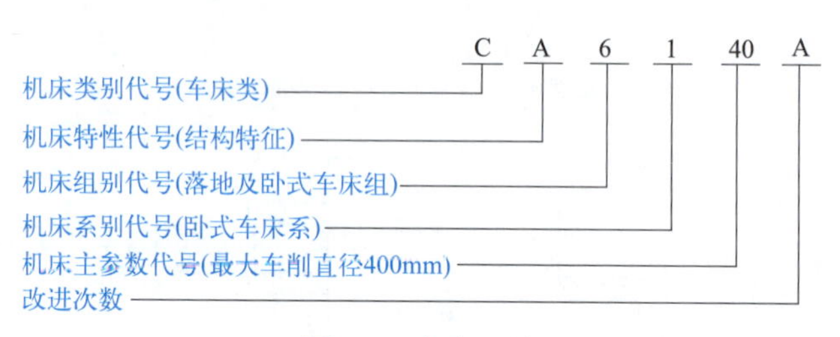

图 2-4　车床型号

经带轮传递到主轴变速箱，操作变速手柄可改变变速机构的传动路线，使主轴获得加工时所需的不同转速。

（2）交换齿轮箱

在主轴箱的左侧，内有挂轮架和挂轮，主轴的运动通过交换齿轮箱传递到进给变速箱。改变交换齿轮箱内齿轮的齿数，配合进给变速箱的变速运动，可车出不同螺距的螺纹或满足大小不同的纵、横进给量。

（3）进给变速箱

内装进给变速机构。改变进给箱外手柄的位置，可使丝杠、光杠得到不同的转速，从而使车刀按不同的进给量或螺距进给。

（4）光杠、丝杠

将进给箱的运动传递给溜板箱。光杠用于自动进给时传递进给量，丝杠用于车螺纹时传递螺距。

（5）操纵杠

操纵杠上的手柄用来操作车床主轴的正转、反转和停止。使用时分三个位置，朝上扳动是正转，中间位置是停止，朝下是反转。

（6）溜板箱

可把光杠或丝杠的运动传给刀架。合上横向或纵向自动进给手柄，可将光杠的运动传到小滑板或床鞍上，实现横向或纵向的自动进给；合上开合螺母手柄，可接通丝杠，实现螺纹的车削加工。自动进给手柄和开合螺母手柄是互锁的，不能同时合上。溜板箱上装有手轮，转动手轮，可带动床鞍沿导轨移动。

(7) 床鞍（又称大拖板）

与溜板箱相连接，可带动车刀沿床身上的导轨做纵向移动。

(8) 中滑板（又称中拖板）

与床鞍相连接，可带动车刀沿床鞍上的导轨做横向移动。

(9) 小滑板（又称小拖板）

通过转盘与中滑板相连接，可沿转盘上的导轨做短距离的移动。当转盘板有角度时，转动小滑板上的刻度盘手柄，可带动车刀做斜向移动。小滑板常用于纵向微量进给和车削圆锥。

(10) 刀架

用于安装车刀。可调整装刀位置与角度，同时可安装四把刀。

(11) 三爪卡盘

用于安装工件，并带动工件随主轴一起旋转，实现主运动。也可将其拆下，装上四爪卡盘或花盘等附件。

(12) 尾座

安装在车床导轨上。松开尾架上的锁紧螺母或锁紧机构后，可推动尾座沿导轨纵向移动；尾座应用广泛，其套筒内孔有锥度，装上顶尖可支顶工件，装上钻头可以钻孔，装上铰刀可以铰孔，装上丝锥、板牙可以攻螺纹和套螺纹等。

(13) 床身

用于支承和安装其他部件，床身上表面有一组平行的导轨，是纵向进给和尾座移动的基准导轨面。

3. CA6140A 型车床的传动路线

CA6140A 型车床的传动路线如图 2-5 所示。

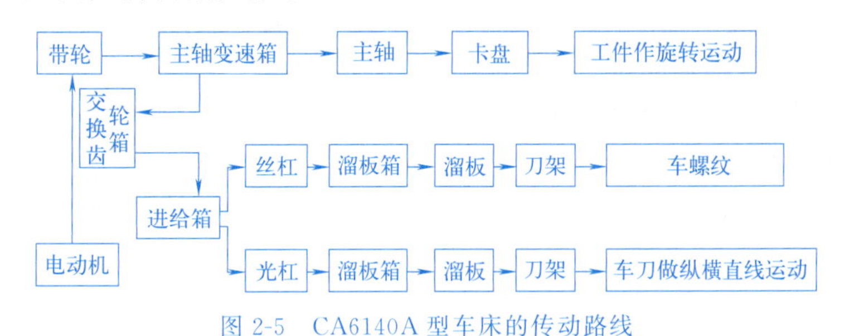

图 2-5 CA6140A 型车床的传动路线

三、任务实施

指出 CA6140A 型车床各部分名称及功用。

任务三 车床操作技能

车床基本操作包括主轴箱变速手柄、进给箱手柄、溜板箱手柄以及刻度盘手柄的操作。

一、主轴箱变速手柄

主轴的变速机构安装在主轴箱内，变速手柄在主轴箱的前表面上。通过扳动变速手柄，可拨动主轴箱内的滑移齿轮，使不同组的齿轮啮合，从而使主轴得到不同的转速。

CA6140A 型车床的变速手柄如图 2-6 所示，手柄与速度值相对应，弯曲手柄与色标相对应。

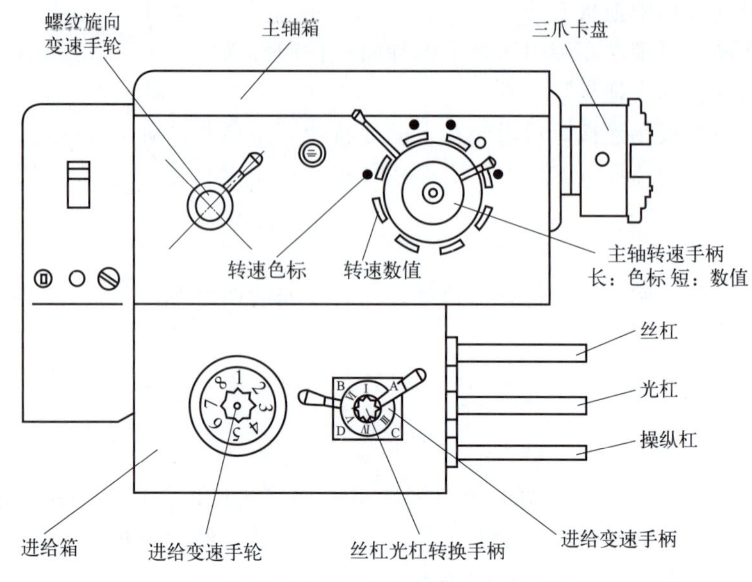

图 2-6　CA6140A 型车床的变速手柄

变速时，先找到所需的转速，将手柄转到需要的转速处，对准箭头，根据转速数字的颜色，将弯曲（短）手柄拨到对应颜色处。

操作时要注意以下几点。

① 变速时要求先停机，若在车床开动时进行变速，极易将齿轮打坏。

② 变速时，手柄要扳到位，否则会出现“空挡”现象；或由于齿轮在齿宽方向上没有全部啮合，降低了齿轮的强度，也容易导致齿轮损坏。

③ 变速时，手柄会出现扳不动的现象，此时，可边用手转动车床三爪卡盘边扳动手柄，直到手柄扳动到位。

④ 变速时，原挡位处在低转速挡时，手柄不易被扳动，而高速挡则容易调整。

⑤ 加工结束后，应将手柄调到空挡的位置。

二、进给箱手柄

操作进给箱手柄，可改变车削时的进给量或调整螺距车削螺纹。进给箱手柄在进给箱的前表面上，进给箱的上表面有一个标有进给量及螺距的标牌。调节进给量时，可先在表格中查到所需的数值，再根据表的提示，将手柄逐一扳动到相应的位置即可。手柄的操作方法与主轴变速手柄操作方法相似。

三、溜板箱手柄

溜板箱上一般有纵向、横向机动进给手柄，开合螺母手柄和床鞍移动手轮。合上纵向机动进给手柄，可接通光杠的运动。在光杠带动下，车刀沿纵向自动走刀，走刀方向由光杠的转动方向决定，可往左或往右走刀。同理，合上横向机动进给手柄，可使车刀沿横向自动向前或向后走刀。对于 CA6140A 型车床，纵、横向机动进给手柄合成为一个手柄，如图 2-7 所示，安装于溜板箱的右侧。操作时，只要把手柄扳到相应的进给方向即可，操作十分方便。

扳动手柄合上开合螺母，车刀就在丝杠带动下自动移动，传递螺纹的车削运动。开合螺母手柄与自动进给手柄是相互联锁的，两者不能同时合上。操作溜板箱手柄时，有时也会出现手柄“合不上”的现象，这时，可先检查溜板箱各手柄位置，如图 2-7 所示。

操作时应注意开合螺母与机动进给手柄的位置，有时手柄位置的微小掉落可能导致手柄相互锁住；若要解决此问题，纵向进给时可转动一下溜板箱上的手轮，横向进给时可转动一下中滑板刻度盘手柄，改变内部齿轮的啮合位置即可。

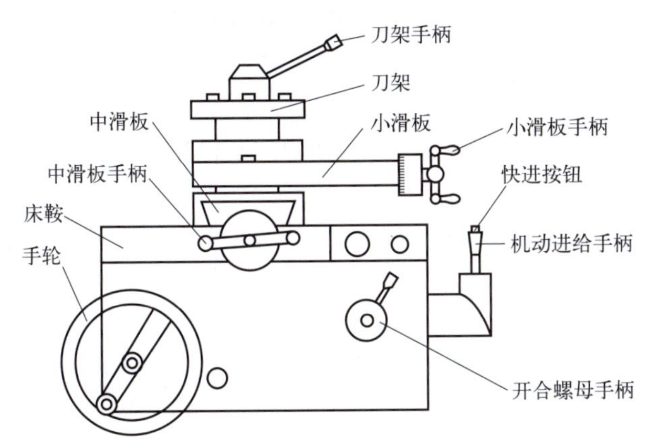

图 2-7　溜板箱各手柄位置示意图

四、刻度盘手柄

在车床的小滑板、中滑板上有刻度盘手柄，刻度盘安装在进给丝杠的轴头上，转动刻度盘手柄可带动车刀移动。中滑板刻度盘手柄用于调整背吃刀量，小滑板刻度盘手柄用于调整轴向尺寸。中滑板刻度盘上每转一格，车刀移动的距离为 0.05mm，即轴的直径减小 0.10mm。小滑板的刻度和中滑板相同。使用时必须慢慢地把刻度盘转到所需要的正确位置。

丝杠和螺母之间有间隙存在，因此会产生空行程（即刻度盘转动，而刀架并未移动）。若不慎多转过几格，如图 2-8（a）所示，不能简单地退回几格，如图 2-8（b）所示，必须向相反方向退回全部空行程，再转到所需位置，如图 2-8（c）所示。

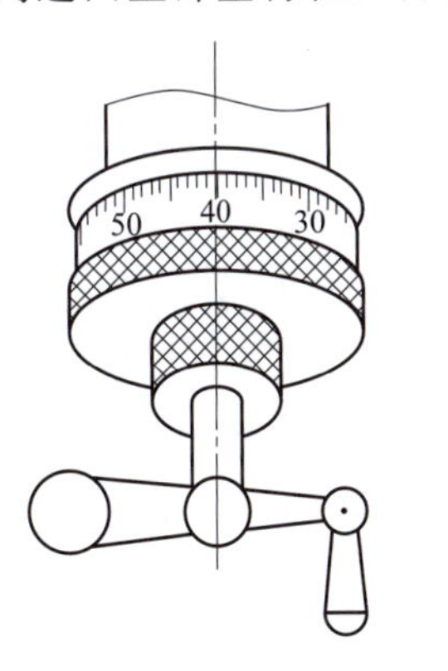

(a) 要求手柄转30但转到40以上

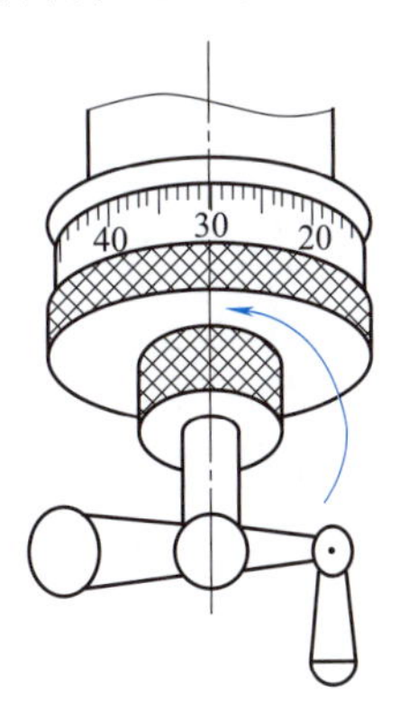

(b) 错误，直接转回30

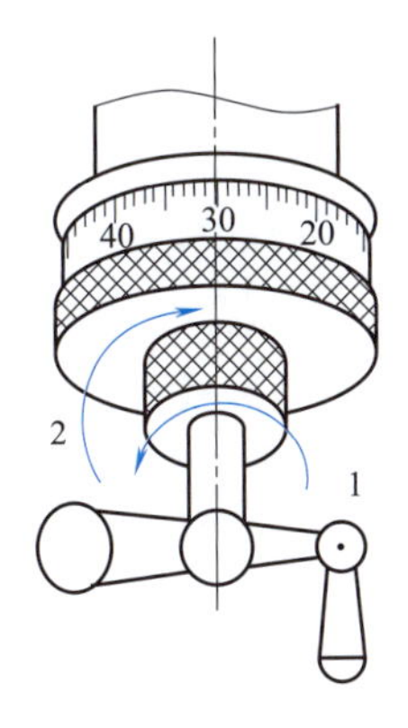

(c) 正确，应反转半周，再转至30

图 2-8　中滑板上的刻度盘手柄

五、车床润滑和维护保养

1. 车床的润滑

为了使车床在工作中减少机件磨损，减小温升和振动，必须对车床所有摩擦部分进行润滑。车床的润滑主要有以下几种方式。

（1）浇油润滑

车床外露的滑动表面，如床身导轨面，中、小滑板导轨面等，擦干净后用油壶浇油润滑。

（2）溅油润滑

车床齿轮箱内的零件一般是利用齿轮的转动把润滑油溅到各处进行润滑。

（3）油绳润滑

将毛线浸在油槽内，利用毛细管作用把油引到所需要润滑的部位，车床进给箱就是利用油绳润滑的，如图 2-9（a）所示。

（4）弹子油杯润滑

尾座和中、小滑板摇手柄转动轴承处用弹子油杯润滑。润滑时，用油嘴把弹子揿下，滴入润滑油，如图 2-9（b）所示。

（5）油脂杯润滑

车床交换齿轮箱的中间齿轮一般用黄油杯润滑。润滑时，先在黄油杯中装满工业润滑脂。旋转油杯盖时，润滑油就会被挤入轴承套内，如图 2-9（c）所示。

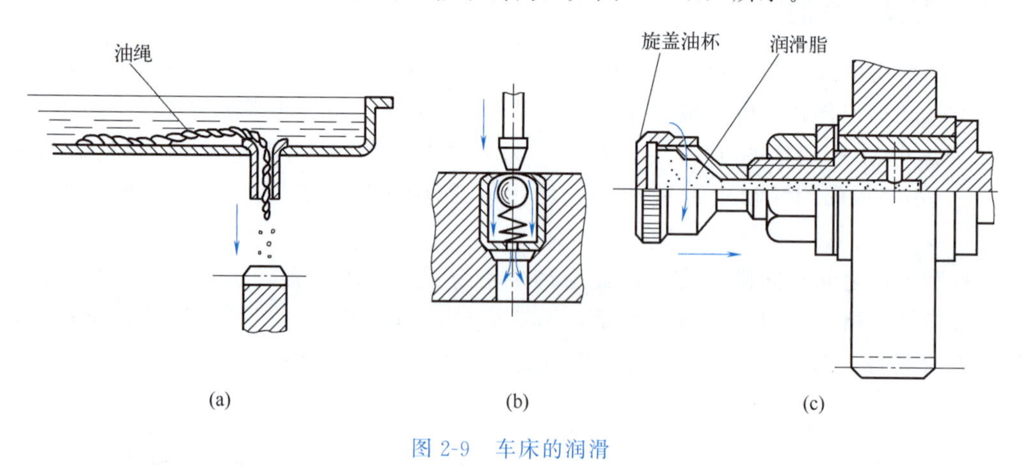

图 2-9 车床的润滑

（6）油泵循环润滑

这种方式是依靠车床内的油泵供应充足的油量来润滑的，包括供给主轴箱和进给箱。

CA6140A 型卧式车床的润滑系统位置如图 2-10 所示，润滑部位用数字标出，除了图中所注的②处的润滑部位用 2 号钙基润滑脂进行润滑外，其余部位都使用 L-AN46 全损耗系统用油。换油时，油面不得低于油标中心线。刀架和中滑板丝杠用油枪加油。尾座套筒和丝杠、螺母的润滑可用油枪每班加油一次。由于长丝杠和光杠的转速较高，润滑条件较差，必须注意每班加油，润滑油可从轴承座上面的方腔中加入。

2. 车床日常保养要求

① 每班工作后应擦净车床导轨面（包括中滑板和小滑板），要求无油污、无铁屑，并浇油润滑，使车床外表清洁和场地整洁。

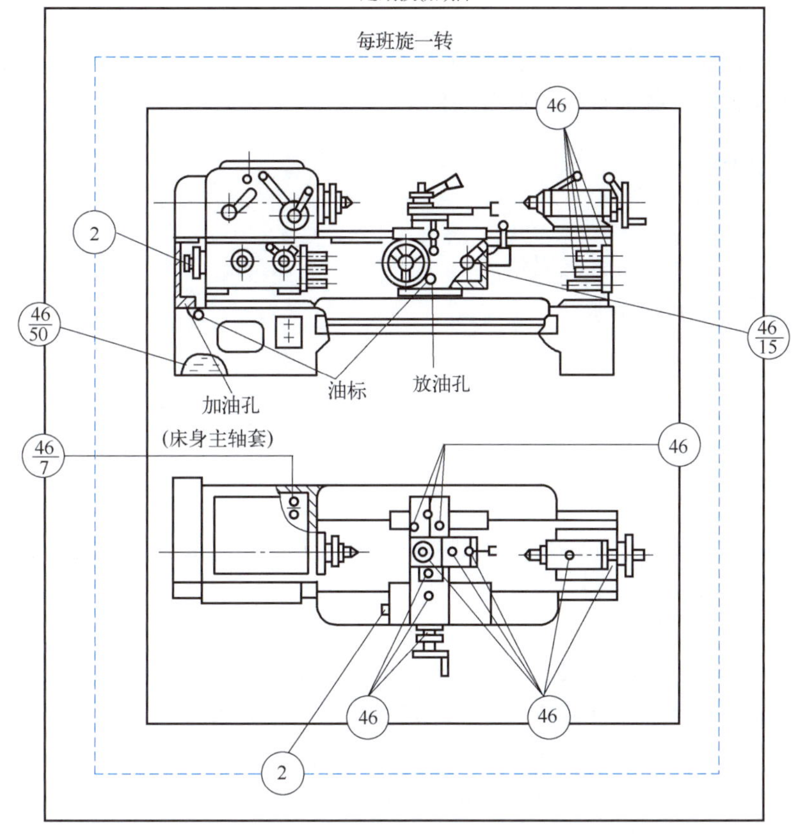

图 2-10　CA6140A 型卧式车床的润滑系统位置示意图

② 每周要求清洁、润滑车床的三个导轨面及转动部位，油路畅通，油标油窗清晰，清洗护床油毛毡，并保持车床外表清洁和场地整洁等。

3. 车床一级保养的要求

通常当车床运行 500h 后，需进行一级保养。保养工作以操作工人为主，在维修工人的配合下进行。保养时必须先切断电源。

① 清洗滤油器，使其无杂物。

② 检查主轴锁紧螺母有无松动，紧定螺钉是否拧紧。

③ 调整制动器及离合器摩擦片间隙。

④ 清洗齿轮、轴套，并在油杯中注入新油脂。

⑤ 调整齿轮啮合间隙。

⑥ 检查轴套有无晃动现象。

⑦ 拆洗刀架和中、小滑板，洗净擦干后重新组装，并调整中、小滑板与镶条的间隙。

⑧ 摇出尾座套筒，并擦净涂油，以保持内外清洁。

⑨ 清洗冷却泵、滤油器和盛液盘。

⑩ 保证油路畅通，油孔、油绳、油毡清洁无铁屑。

⑪ 检查油质，保持良好；油杯齐全，油标清晰。

⑫ 清扫电动机、电气箱上的尘屑。

⑬ 电气装置固定整齐。

⑭ 清洗车床外表面及各罩盖，保持其内、外清洁，无锈蚀、无油污。
⑮ 清洗三杠。
⑯ 检查并补齐各螺钉、手柄球、手柄。
⑰ 清洗擦净后，对各部件进行必要的润滑。

六、任务实施

① 开车与停车；
② 调整转速、进给量与背吃刀量；
③ 车床的润滑、维护与保养。

练习题

一、选择题

1. 卧式车床的最大回转直径参数在型号中是以（　　）折算系数来表示的。
A. 1　　B. 1/10　　C. 1/100
2. （　　）的功能是在车床停止过程中使主轴迅速停止转动。
A. 变速机构　　B. 电动机　　C. 制动装置
3. 精车时加工余量小，为提高生产率，应选择（　　）大些。
A. 进给量　　B. 切削速度　　C. 转速
4. 对工件表层有硬度皮的工件进行粗车时，切削深度的选择应采用（　　）。
A. 小切削深度　　B. 大切削深度　　C. 切深超过硬皮或冷硬层
5. 主轴箱、进给箱、溜板箱内的润滑油一般（　　）更换一次。
A. 一年　　B. 半年　　C. 三个月
6. 车削加工的工件表面形状是（　　）。
A. 直线表面　　B. 曲线表面　　C. 回转表面　　D. 平面
7. 车床的（　　）能把主轴箱的转动传递给进给箱。
A. 光杠　　B. 挂轮箱　　C. 溜板箱　　D. 丝杠
8. 车床需要润滑的部位，主要指的是（　　）部位。
A. 运动　　B. 转动　　C. 摩擦　　D. 移动
9. 为提高生产效率，粗车时应首先选用较大的（　　）。
A. 切削速度　　B. 进给量　　C. 背吃刀量　　D. 主轴转速

二、判断题

1. 机床上的按钮是一种专门发命令的电器。（　　）
2. 润滑床身导轨是降低磨损、保持导轨精度的主要措施。（　　）
3. 我国动力电路的电压是380V。（　　）
4. 清除铁屑可以用游标卡尺。（　　）
5. 实训时可不必穿工作服。（　　）

项目三 ▶▶

工件与刀具的装夹技术

学做目标：

1. 掌握工件的安装及车床附件使用方法；
2. 掌握车刀的装夹技术；
3. 掌握车刀的材料与几何角度；
4. 掌握行业标准与规范的查阅和使用；
5. 能查阅有关资料和自我学习，并能灵活运用理论知识解决实际问题；
6. 能具有良好的思想道德素质和健康的心理，能够承受较强的工作负荷及工作、生活中的各种压力；
7. 能具有职业健康、环保、安全、创新、创业意识和团队协作、独立工作、应对突发事件等能力。

机械加工任务：

工件的安装与刀具的装夹。

工件的装夹方法

任务一　工件的安装与车床附件

一、工件的装夹

1. 装夹原则

在车床上安装工件，要求定位准确，即被加工表面的回转中心与车床主轴的轴线重合，夹紧可靠，能承受合理的切削力，切实保证工作时的安全，使加工顺利达到预期目标。

2. 常用装夹方法

（1）卡盘装夹

卡盘常用的有三爪自定心卡盘和四爪单动卡盘两种。

① 三爪自定心卡盘。三爪自定心卡盘的三只卡爪均匀分布在卡盘的圆周上，由于能同步沿径向移动，实现对工件的夹紧或松开，所以，可以实现自动定心。

三爪自定心卡盘的优点是装夹工件一般不需要找正，使用方便。缺点是夹紧力较小，适宜于装夹中小型圆柱形、正三边形或正多边形工件。其结构如图 3-1 所示。

三爪自定心卡盘也可装成正爪和反爪，以适应装夹不同的工件。

② 四爪单动卡盘。四爪单动卡盘如图 3-2 所示，它的四只卡爪沿圆周方向均匀分布，卡爪能逐个单独径向移动。装夹工件时，可通过调节卡爪的位置对工件位置进行校正。四爪单动卡盘的优点是夹紧力较大，缺点是校正工件位置麻烦、费时，适宜于单件、小批量生产中装夹非圆形工件。

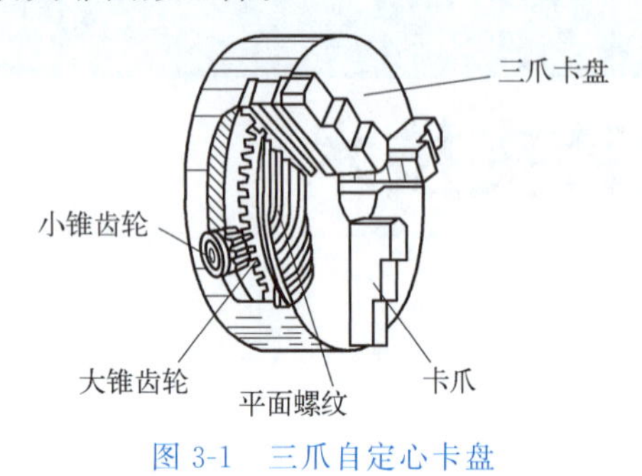

图 3-1　三爪自定心卡盘

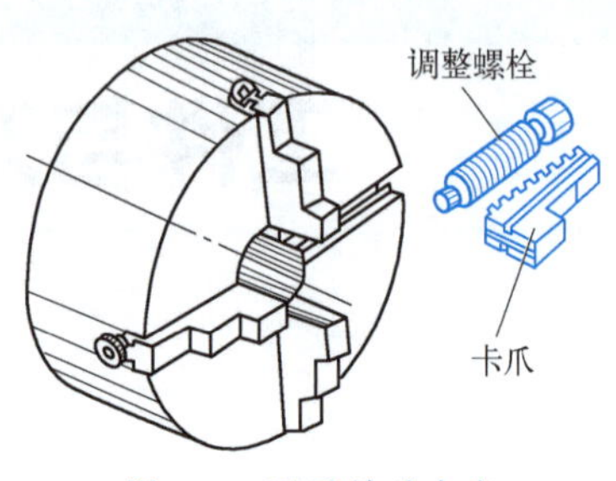

图 3-2　四爪单动卡盘

（2）顶尖装夹

顶尖装夹包括两种方式，即两顶尖装夹和一夹一顶工件装夹。

① 两顶尖装夹。在两顶尖装夹工件时，必须先在工件的两端面上钻出中心孔。前顶尖插入主轴锥孔或将一段钢料直接夹在三爪自定心卡盘上车出锥角来代替前顶尖，后顶尖插入尾座套筒锥孔，两顶尖可支承及定位预制有中心孔的工件，工件由安装在主轴上的拨盘通过鸡心夹头带动工件回转。两顶尖装夹如图 3-3 所示。

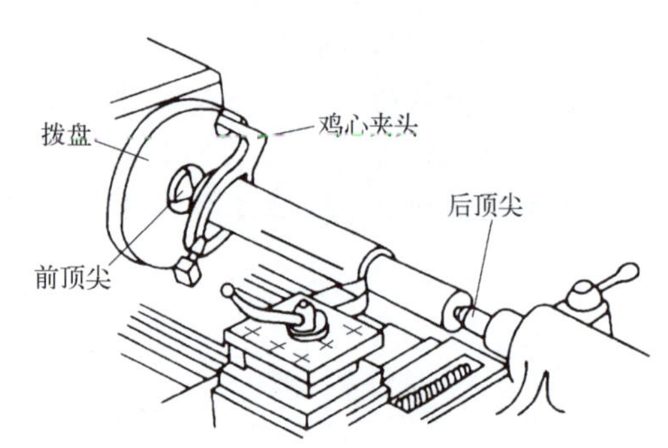

图 3-3　两顶尖及鸡心夹头装夹工件

两顶尖及鸡心夹头装夹工件的方法适宜于轴类零件的装夹，特别是在多工序加工中，重复定位精度要求较高的场合，但由于顶尖工作部位细小，支承面较小，装夹不够牢靠，不宜采用大的切削用量加工。

常用的顶尖分为固定顶尖和回转顶尖两种。回转顶尖如图 3-4（a）所示，内部装有滚动轴承。回转顶尖把顶尖与工件中心孔的滑动摩擦变成顶尖内部轴承的滚动摩擦，因此其转动灵活。由于顶尖与工件一起转动，避免了顶尖和工件中心孔的磨损，能承受较高转速下的加工，但支承刚性较差，所以，回转顶尖适宜于加工工件精度要求不太高的场合。

常用的固定顶尖有普通顶尖、镶硬质合金顶尖等，图 3-4（b）所示固定顶尖的定心精度高，刚性好，缺点是工件和顶尖发生滑动摩擦，发热较大，过热时会把中心孔或顶尖

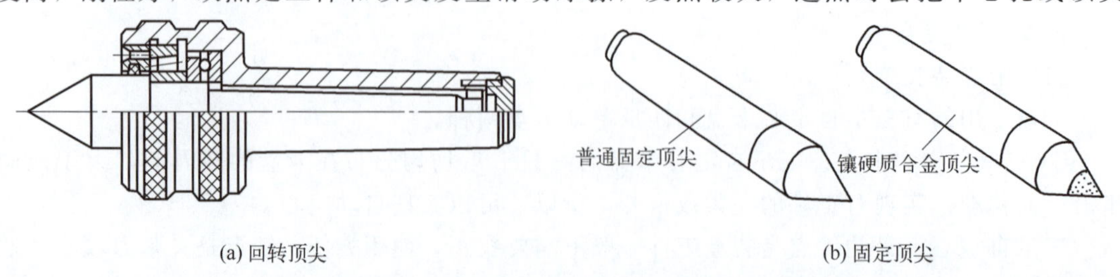

图 3-4　顶尖

"烧"坏。所以，常用镶硬质合金的顶尖对工件中心孔进行研磨，以减小摩擦。固定顶尖一般用于低速、加工精度要求较高的工件。

② 一夹一顶。用两顶尖间装夹工件，刚性较差。因此，车削一般轴类零件，尤其是较重的工件，不能采用两顶尖装夹的方法，而采用一端夹住，用三爪自定心卡盘或四爪单动卡盘，或夹住工件台阶处，以防止工件轴向蹿动，另一端用后顶尖顶住的所谓"一夹一顶"装夹方法，如图 3-5 所示。这种方法比较安全，能承受较大的切削力，因此应用得很广泛。

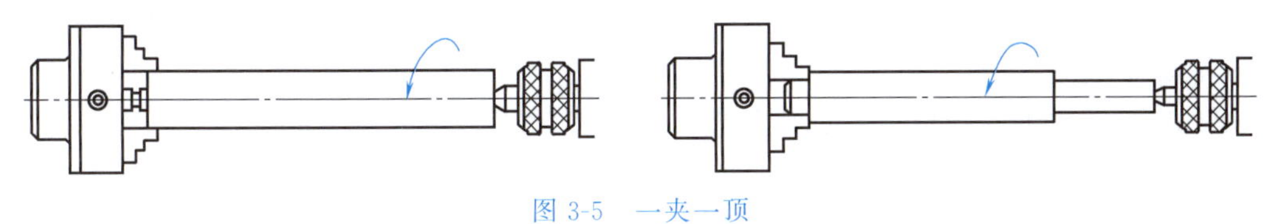

图 3-5 一夹一顶

(3) 中心架、跟刀架辅助支承

当轴类零件的长度与直径之比较大（$L/d>10$）时，即为细长轴。细长轴刚性不足，为防止在切削力作用下轴产生弯曲变形，必须用中心架或跟刀架作为辅助支承，以增加细长轴刚度，防止工件在加工中产生弯曲变形。

① 中心架。如图 3-6 所示，多用于带台阶的细长轴外圆加工。使用时固定于床身的适当位置，调节 3 个支承爪支承在工件的中部台阶处，台阶外圆分别调头加工。中心架还可用于较长轴的端部加工，如车端平面、钻孔或车孔。

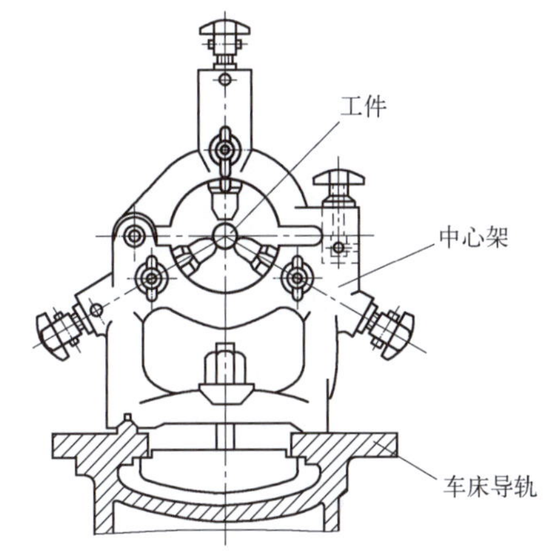

图 3-6 中心架

② 跟刀架。如图 3-7 所示，安装在床鞍上，随床鞍、刀架一起纵向移动。跟刀架上一般有两个能单独调节伸缩的支承爪，而另外一个支承爪用车刀来代替。两支承爪分别安装在工件的上面和车刀的对面。配置了两个支承爪的跟刀架，安装刚性差，加工精度低，不适宜做高速切削。另外还有一种具有三个支承爪的跟刀架，它的安装刚性较好，加工精度较高，适宜做高速切削。跟刀架多用于无台阶的细长光轴加工。

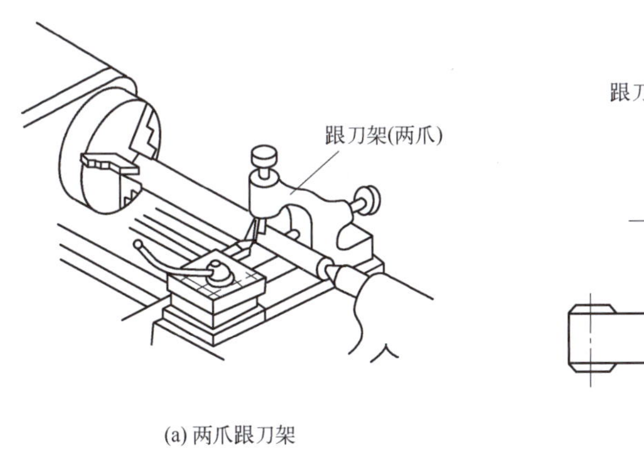

(a) 两爪跟刀架

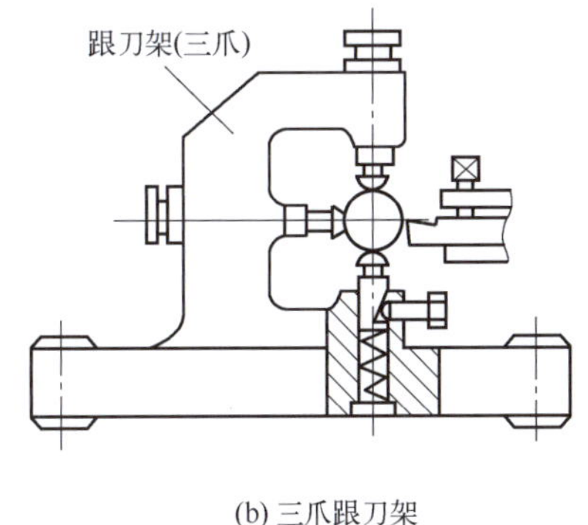

(b) 三爪跟刀架

图 3-7 跟刀架

(4) 心轴装夹

当工件内、外圆表面间的位置精度要求较高，且不能在同一次装夹中加工时，常采取先精加工内孔，再以内孔为定位基准，用心轴装夹后精加工外圆的工艺方法。

使用心轴装夹工件时，将工件全部粗车完后，再将内孔精车好（IT7～IT9），然后以内孔为定位精基准，将工件安装在心轴上，再把心轴安装在前后顶尖之间，如图 3-8 所示。

此外，也可以采取先精加工外圆，然后以外圆为定位基准，用夹具装夹后再精加工内孔的方法。弹簧卡头内有弹性套筒，在压紧螺母的推压下，能向中心均匀收缩，使工件准确定位和得到牢固的夹紧。这种方法夹具结构复杂，制造成本高，没有心轴装夹方法应用广泛。

(5) 花盘装夹

花盘连接于主轴，其右端平面上有若干条径向 T 形直槽，便于用螺栓、压板等将工件压紧在这个大平面上，如图 3-9 所示。主要用于装夹用其他方法不便装夹的形状不规则的工件。

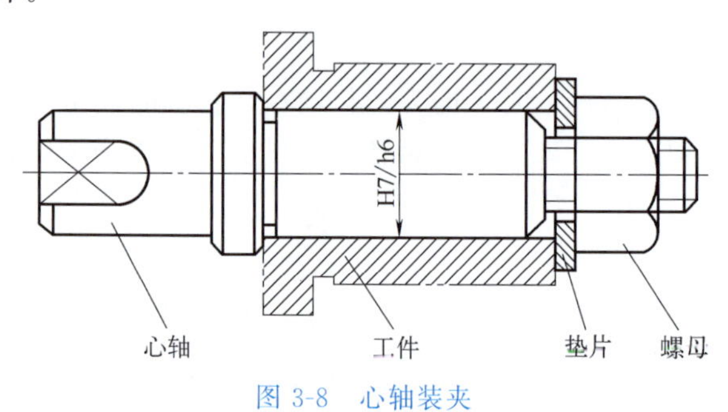

图 3-8 心轴装夹

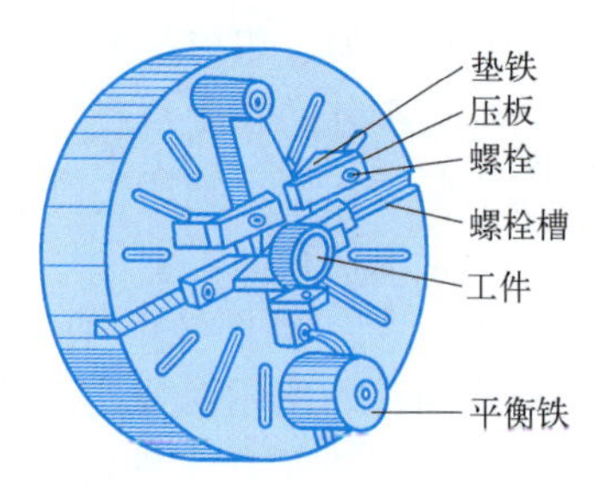

图 3-9 花盘装夹

二、任务实施

工件装夹时，一般不需校正。如果装夹工件较长，或加工精度要求较高，则必须进行校正，使工件的回转中心与车床主轴轴线重合。

车刀的装夹技术

1. 粗加工时用划针校正

用卡盘轻轻夹住工件，将划针盘放到适当位置，并将划针尖端触向伸出端表面，然后轻拨卡盘使其缓慢转动，观察划针尖与工件表面接触情况，并用铜锤轻击工件伸出端，直到全圆周划针与工件表面间隙均匀一致，校正结束。

2. 精加工时用百分表校正

夹住工件后，调整磁力表座和表架到适当位置，使百分表触头垂直指向工件伸出端圆柱面，使百分表触头预先压下 0.5～1mm，缓慢转动工件，并校正工件，一般每转中百分表读数的最大差值在 0.10mm 以内。校正工件端面也是如此。

任务二 刀具装夹

一、车刀装夹

车刀的正确安装是非常重要的，它直接影响着加工质量和能否进行加工。

正确装夹车刀的技术要点如下。

1. 等高

车刀的刀尖应与车床主轴的回转轴线等高，如图 3-10 所示，γ 为前角，α 为后角。装夹

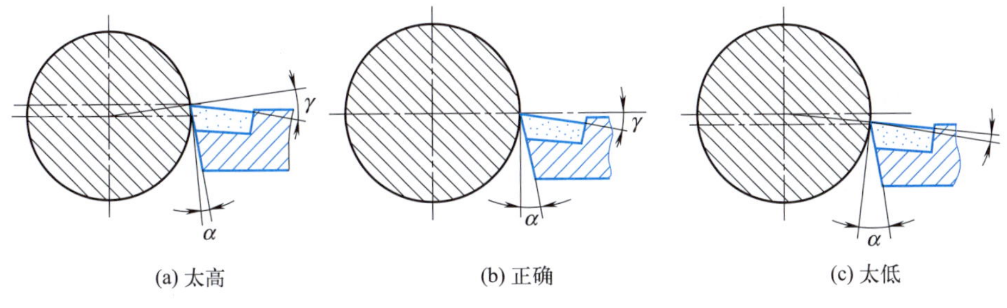

图 3-10 刀尖高度示意图

时可用尾座顶尖的高度来进行校正。也可试车端平面，若端平面中心留有凸台，则说明还需进行调整。

2. 垂直

车刀刀柄应与车床主轴的回转轴线基本垂直。

3. 1.5倍

车刀在刀架上的伸出长度一般不超过刀柄厚度的 1.5 倍。否则刀具刚性下降，车削时容易产生振动。

4. 合适

所加垫刀片要平整，并与刀架对齐。垫片数量一般以 2～3 片为宜，太多会降低刀柄与刀架的接触刚度。

5. 拧紧

车刀位置放好后，应交替拧紧刀架螺钉，一般拧紧两个即可。最后还应检查车刀在工件的加工极限位置时是否会产生运动干涉或碰撞。

二、任务实施

进行装夹刀具练习。

任务三　刀具的常用材料认知

常用刀具材料有工具钢（包括碳素工具钢、合金工具钢和高速钢）、硬质合金、陶瓷和超硬刀具材料等。其中碳素工具钢（如 T10A）和合金工具钢（如 9SiCr），因耐热性较差，目前仅用于一些手工工具或切削速度较低的刀具；金刚石（主要是人造金刚石）仅用于有限的场合（金刚石不宜用来切削铁族金属）。金属切削加工中最常用的刀具材料是高速钢和硬质合金。

一、高速钢

1. 高速钢的化学成分

（1）高碳

碳质量分数为 0.70%～1.25%，保证获得高碳马氏体并能形成足够的碳化物，以获得较高的硬度及耐磨性。

（2）主加合金元素

主加合金元素有钨（W）、钼（Mo）、铬（Cr）、钒（V）、钛（Ti）等，用以提高刀具硬度、热硬性、耐磨性、淬透性。

2. 性能

高速钢是高速工具钢的简称，是含钨、铬、钒等元素的高合金工具钢。热处理后硬度可达62～65HRC；耐热温度可达500～600℃；强度和韧性较好，能承受较大的冲击力，不易打刀。与硬质合金相比，它制造容易，刃磨方便。

3. 常用高速钢

普通高速钢，如W6Mo5Cr4V2、W9Mo3Cr4V、W9Cr4V2广泛用于制造各种刀具。高速钢车刀切削速度较低，如切削普通钢料时为40～60m/min。高性能高速钢，如W12Cr4V4Mo、W6Mo5Cr4V2Al、W2Mo9Cr4VCo8等，是在普通高速钢中再增加一些含碳量、含钒量及添加钴、铝等元素冶炼而成的。它的耐用度为普通高速钢的1.5～3倍。用高速钢制作的中心钻和铣刀如图3-11所示。

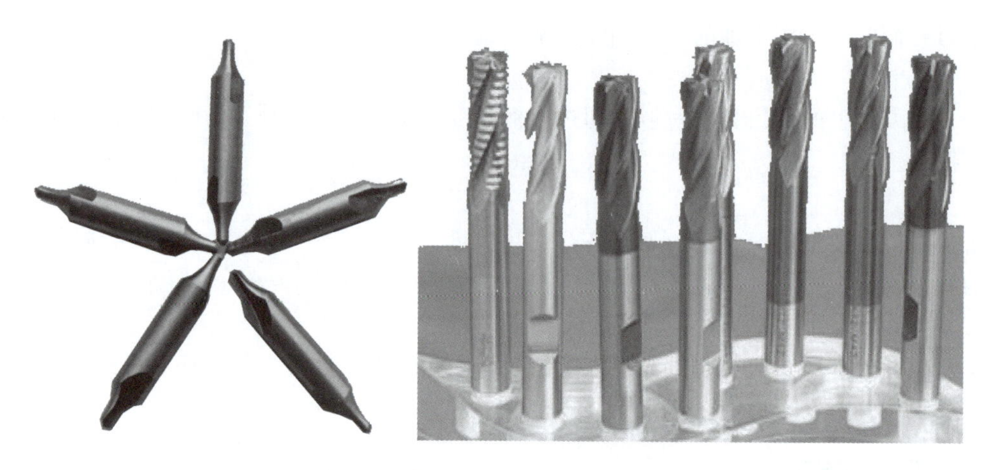

图3-11　高速钢制作的中心钻与铣刀

4. W18Cr4V的热处理

反复锻打→退火→淬火→三次回火。

二、硬质合金

一般硬质合金是用碳化钨（WC）、碳化钛（TiC）、碳化钽（TaC）、碳化铌（NbC）和黏结剂（钴、钼、镍）等材料，用粉末冶金的方法制成的。硬度为69～81HRC，耐热温度800～1000℃。硬质合金刀具允许的切削速度是高速钢刀具的5～10倍，但其冲击韧性和刃磨性不如高速钢。

按GB/T 2075—2007《切削加工硬切削材料的分类和用途 大组和用途小组的分类代号》可分为P、M、K、N、S、H六类，依据不同的被加工工件材料进行划分，并分成若干用途小组。

P类硬质合金主要用于加工除不锈钢外所有带奥氏体的钢和铸钢，用蓝色作标志；相当于原有YT类，如牌号YT5、YT15和YT30等。

M类主要用于加工不锈奥氏体钢或铁素体钢、铸钢，用黄色作标志。相当于原有YW类，如牌号YW1、YW2等。

K类主要用于加工各类铸铁，用红色作标志。相当于原有YG类，如牌号YG6、YG8

等。同理，标准还规定 N（绿色）、S（褐色）、H（灰色）类分别用于加工非铁合金、超级合金等。

三、涂层材料

涂层材料具有硬度高、耐磨性好、化学性能稳定、不与工件材料发生化学反应、耐热耐氧化、摩擦因数低和基体附着牢固等特点。常用的单一涂层材料有 TiC、TiN 等，现已进入开发厚膜、复合和多元涂层的新阶段，如 TiCN、TiAlN、TiAlN。涂层刀具可提高刀具寿命为原来的 3～5 倍以上，提高切削速度 20%～70%，提高加工精度 0.5～1 级，降低刀具消耗费用 20%～50%。涂层材料制作的刀具如图 3-12 所示。

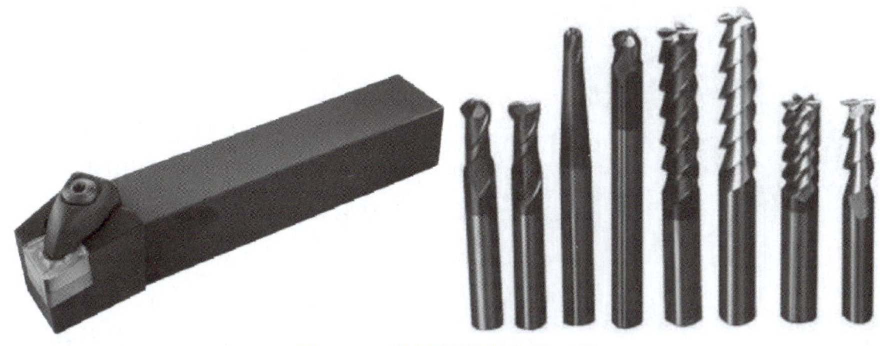

图 3-12　涂层材料制作的刀具

四、任务实施

简述刀具常用材料。

任务四　车刀相关知识认知

一、车刀

车刀的分类及组成

在金属车削加工过程中，车床是形成切削运动和动力的来源，车刀则直接改变毛坯的形状，使其达到所需要零件的形状和技术要求。车刀的种类很多，在实际生产中，根据零件车削加工的内容不同来选择。

（一）常用车刀

常用车刀包括：90°车刀、45°车刀、切断刀、车孔刀、成形刀、车螺纹刀和硬质合金机械夹固式可转位车刀等。

① 90°车刀（偏刀）：用来车削工件的外圆、台阶和端面。

② 45°车刀（弯头车刀）：用来车削工件的外圆、端面和倒角。

③ 切断刀：用来切断工件或在工件上切出沟槽。

④ 车孔刀：用来车削工件的内孔。

⑤ 成形刀：用来车削工件台阶处的圆角和圆槽或车削成形面工件。

⑥ 车螺纹刀：用来车削螺纹。

⑦ 硬质合金机械夹固式可转位车刀：刀片不需焊接，用机械夹固方式装夹在刀杆上，当刀片上的一个切削刃磨钝以后，只需松开夹紧装置，将刀片转过一个角度，即可用新的切

削刃继续切削，从而大大缩短了换刀和刃磨车刀等的时间，提高了刀杆利用率。

硬质合金可转位车刀可根据加工内容的不同，选用不同形状和角度的刀片（如正三角形、凸三角形、正五边形等刀片）可组成外圆车刀、端面车刀、切断刀、车孔刀、车螺纹刀等。

（二）车刀的组成

车刀由刀头（或刀片）和刀杆两部分组成。刀杆用于把车刀装夹在刀架上；刀头部分担负切削工作，所以又称切削部分。车刀的切削部分主要由主切削刃、副切削刃、前刀面、主后刀面、副后刀面和刀尖角组成，如图 3-13 所示。

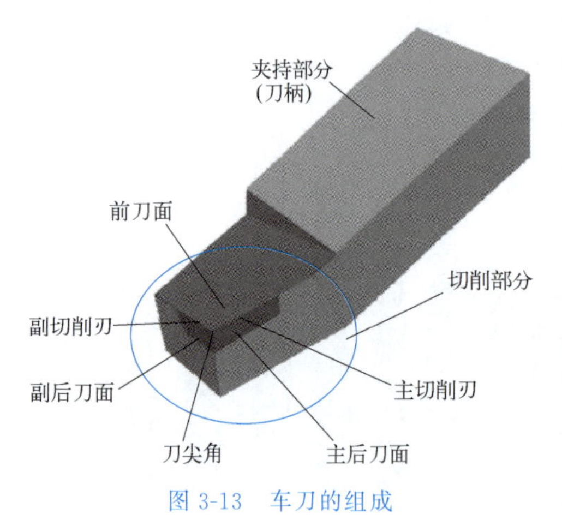

图 3-13　车刀的组成

（三）刀具角度参考平面与刀具角度参考系

为了保证切削加工的顺利进行，获得合格的加工表面，所用刀具的切削部分必须具有合理的几何形状。刀具角度是用来确定刀具切削部分几何形状的重要参数。

1. 基面 P_r

过切削刃选定点，垂直于主运动方向的平面。通常它平行（或垂直）于刀具上的安装面（或轴线）的平面。例如：普通车刀的基面 P_r，可理解为平行于刀具的底面。基面 P_r 如图 3-14（a）所示。

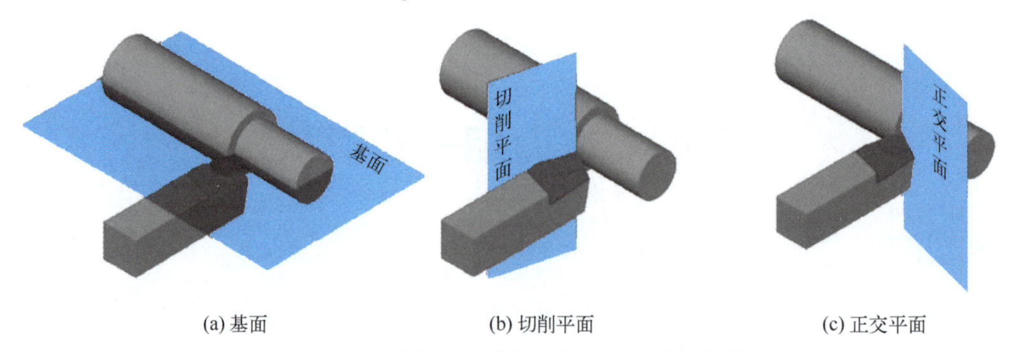

图 3-14　刀具角度参考平面与刀具角度参考系

2. 切削平面 P_s

过切削刃选定点，与切削刃相切，并垂直于基面 P_r 的平面。它也是切削刃与切削速度方向构成的平面。切削平面 P_s 如图 3-14（b）所示。

3. 正交平面 P_o

过切削刃选定点，同时垂直于基面 P_r 与切削平面 P_s 的平面，正交平面 P_o 如图 3-14（c）所示。

4. 刀具标注角度参考系

刀具标注角度参考系主要有三种，即正交平面参考系、法平面参考系和假定工作平面参考系。正交平面参考系：由基面 P_r、切削平面 P_s 和正交平面 P_o 构成的空间三面投影体系称为正交平面参考系。由于该参考系中三个投影面均相互垂直，符合空间三维平面直角坐标系的条件，所以，该参考系是刀具标注角度最常用的参考系。如图 3-15 所示。

（四）车刀几何角度

车刀的几何角度

车刀切削部分的几何角度很多，其中对加工影响最大的有前角、后角、副后角、主偏角、副偏角及刃倾角等。

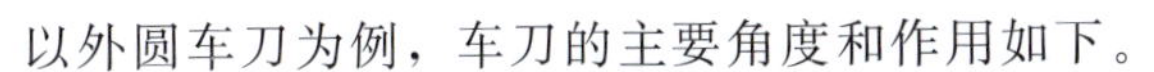

以外圆车刀为例，车刀的主要角度和作用如下。

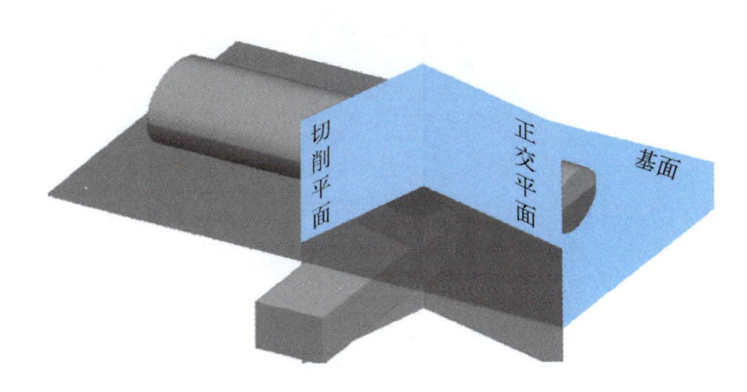

图 3-15　刀具角度参考平面与刀具角度参考系

1. 前角（γ_0）

前刀面与基面之间的夹角，前角影响刃口的锋利和强度，影响切削变形和切削力。增大前角能使车刀刃口锋利，减少切削变形，可使切削省力，并使切屑容易排出。前角（γ_0）如图 3-16 所示。

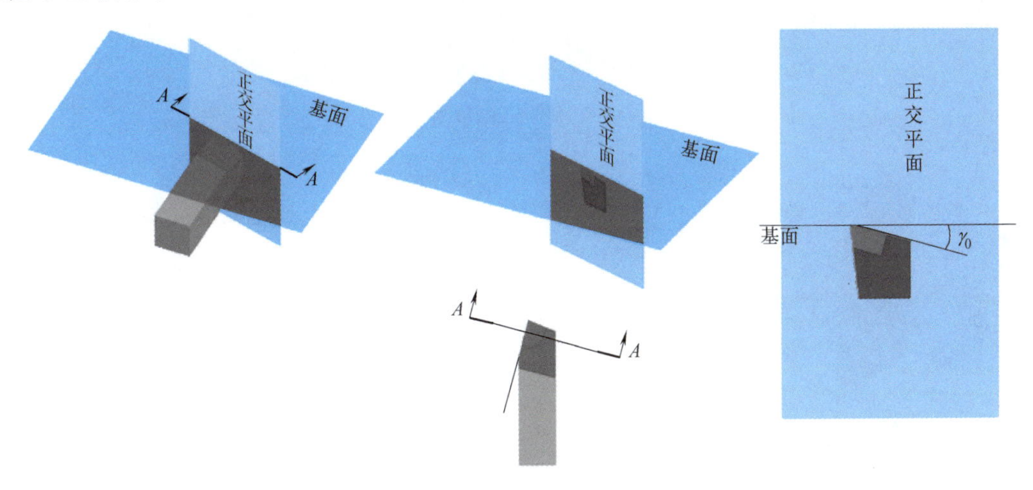

图 3-16　车刀的前角

2. 后角（α_0）

主后刀面与切削平面之间的夹角。后角的主要作用是减少车刀主后刀面与工件之间的摩擦。后角（α_0）如图 3-17 所示。

3. 副后角（α_0'）

副后刀面与切削平面之间的夹角。副后角的主要作用是减少车刀副后刀面与工件之间的摩擦。

4. 主偏角（κ_r）

主切削刃在基面上的投影与进给方向之间的夹角。主偏角的主要作用是改变主切削刃和刀头的受力情况和散热情况。主偏角（κ_r）如图 3-18 所示。

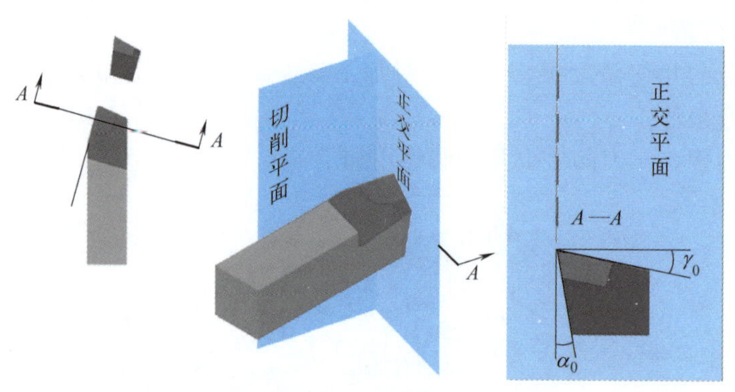

图 3-17　车刀的后角

5. 副偏角（κ'_r）

副切削刃在基面上的投影与背进给方向之间的夹角。副偏角的主要作用是减少副切削刃与工件已加工表面之间的摩擦。副偏角（κ'_r）如图 3-18 所示。

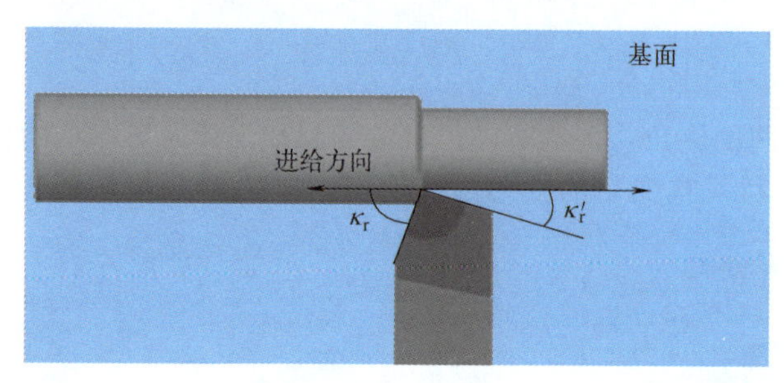

图 3-18　车刀的主偏角与副偏角

6. 刃倾角（λ_s）

主切削刃与基面之间的夹角。刃倾角的主要作用是控制切屑的排出方向，当刃倾角为负值时，还可增加刀头强度和当车刀受冲击时保护刀尖。刃倾角（λ_s）如图 3-19 所示。

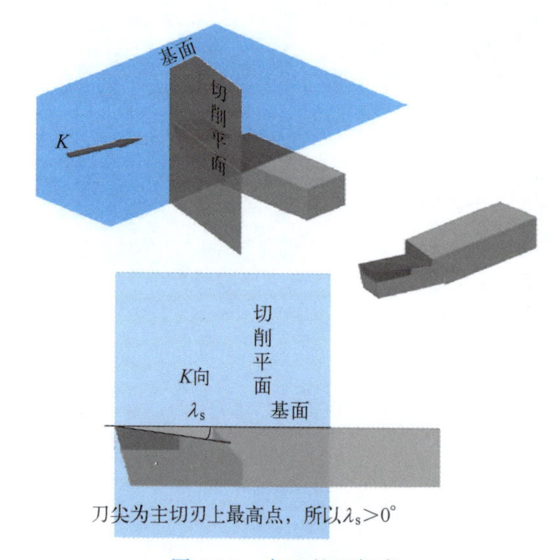

图 3-19　车刀的刃倾角

二、车刀的刃磨

车刀属于单锋刀具，因车削零件形状不同而有很多形式，但它各部位的名称及作用却是相同的。一只良好的车刀必须具有刚性良好的刀柄及锋利的刀锋两大部分。其中，车刀的刀刃角度，直接影响车削效果，不同的车刀材质及工件材料、刀刃的角度亦不相同。因此，了解车刀的主要几何角度及其对车削加工的影响是对刀具进行合理刃磨的前提。同时，为了提高磨削效率和质量，还必须了解磨具基础知识。

1. 砂轮的选择

常用的磨刀砂轮材料有两种：一种是氧化铝砂轮；另一种是绿色碳化硅砂轮。刃磨时必须根据刀具材料来选择砂轮材料。氧化铝砂轮韧性好，比较锋利，但砂粒硬度稍低，所以用来刃磨高速工具钢车刀和硬质合金车刀的刀杆部分。绿色碳化硅砂轮的砂粒硬度高，切削性能好，但较脆，所以用来刃磨硬质合金车刀的刀头部分。

2. 车刀刃磨的步骤

有机械刃磨和手工刃磨两种。手工刃磨是基础，是必须掌握的基本技能。

车刀刃磨的步骤包括以下几个部分。

① 磨主后刀面，同时磨出主偏角及主后角；

② 磨副后刀面，同时磨出副偏角及副后角；

③ 磨前面，同时磨出前角及刃倾角；

④ 修磨各刀面及刀尖。

3. 刃磨车刀的姿势及方法

① 先把车刀前刀面、后刀面上的焊渣磨去，并磨平车刀的底平面，采用粗粒度的氧化铝砂轮。

② 粗磨主后刀面和副后刀面的刀杆部分，其后角应比刀片后角大 2°～3°，以便刃磨刀片上的后角。磨削时也采用粗粒度的氧化铝砂轮。

③ 粗磨刀片上的主后刀面、副后刀面和前刀面，如图 3-20 所示。粗磨出的主后角、副后角应比所要求的后角大 2°左右。刃磨时采用粗粒度的绿色碳化硅砂轮。

④ 磨断屑槽，如图 3-21 所示。断屑槽一般有两种形状，一种是圆弧形，另一种是台阶形。

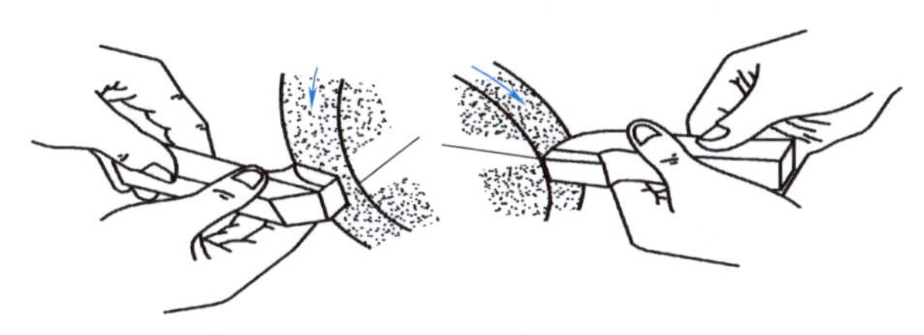

图 3-20　粗磨主后刀面、副后刀面

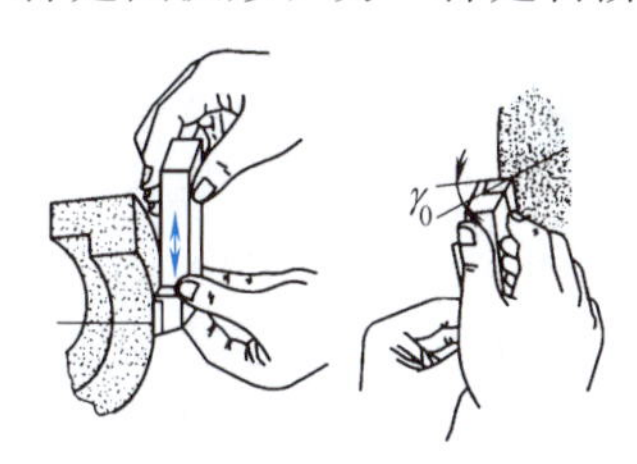

图 3-21　刃磨断屑槽的方法

⑤ 精磨主后刀面和副后刀面，如图 3-22 所示。刃磨时，将车刀底平面靠在调整好角度的搁板上，并使切削刃轻轻靠在砂轮的端面上进行。刃磨时，车刀应左右缓慢移动，使砂轮磨损均匀，车刀刃口平直。精磨时采用细粒度的绿色碳化硅砂轮。

⑥ 磨负倒棱，如图 3-23 所示，刃磨时，用力要轻，车刀要沿主切削刃的后端向刀尖方向摆动。

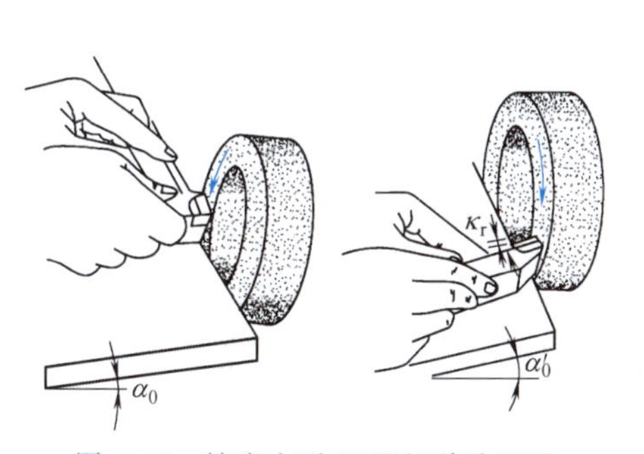

图 3-22　精磨主后刀面和副后刀面

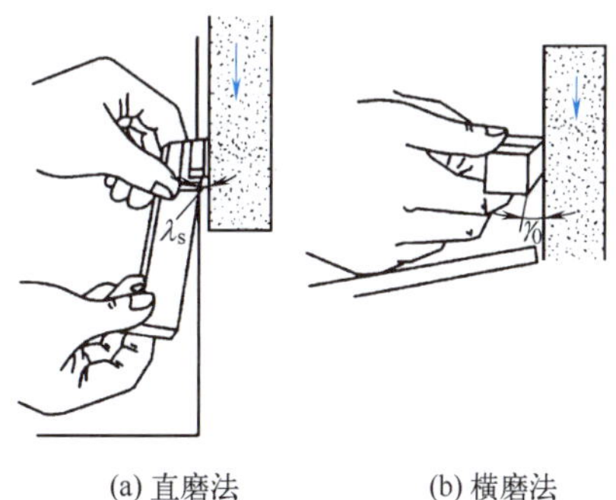

图 3-23　磨负倒棱

⑦ 磨过渡刃，如图 3-24 所示。过渡刃有直线形和圆弧形两种。

⑧ 手工研磨，如图 3-25 所示。一般用油石进行研磨。研磨时，手持油石要平稳。要使油石贴平需要研磨的表面并平稳移动，推时用力，回来时不用力。

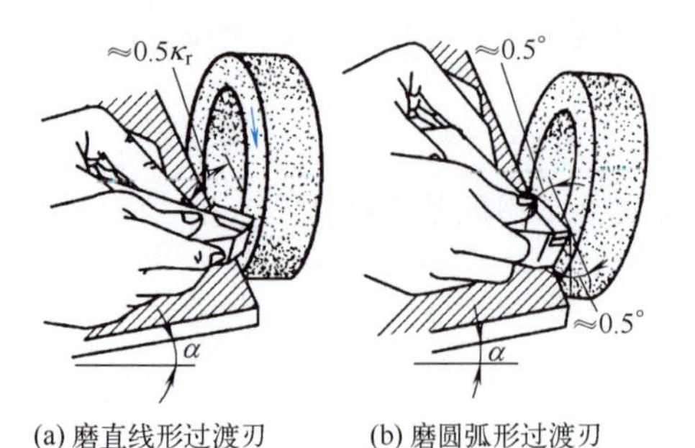

(a) 磨直线形过渡刃　(b) 磨圆弧形过渡刃

图 3-24　磨过渡刃

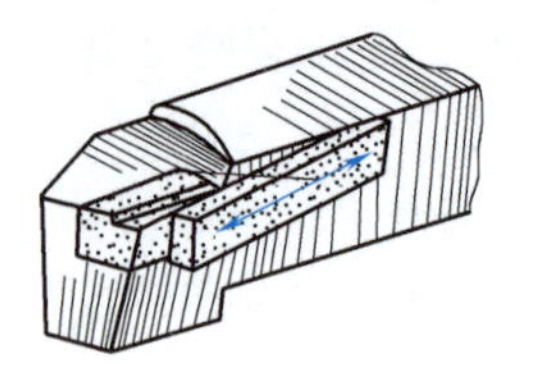
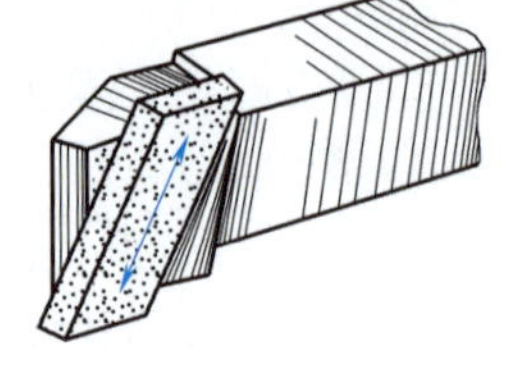

图 3-25　车刀的手工研磨示意图

4. 刃磨要点

① 人站立在砂轮机的侧面，以防砂轮碎裂时，碎片飞出伤人；

② 两手握刀的距离放开，两肘夹紧腰部，以减小磨刀时的抖动；

③ 磨刀时，车刀要放在砂轮的水平中心，刀尖略向上翘 3°～8°，车刀接触砂轮后应做左右方向水平移动。当车刀离开砂轮时，车刀须向上抬起，以防磨好的刀刃被砂轮碰伤；

④ 磨后刀面时，刀杆尾部向左偏过一个主偏角的角度；磨副后刀面时，刀杆尾部向右偏过一个副偏角的角度；

⑤ 修磨刀尖圆弧时，通常以左手握车刀前端为支点，用右手转动车刀的尾部。

5. 磨刀安全知识

① 刃磨刀具前，应首先检查砂轮有无裂纹，砂轮轴螺母是否拧紧，并经试转后使用，以免砂轮碎裂或飞出伤人。

② 刃磨刀具不能用力过大，否则会使手打滑而触及砂轮面，造成工伤事故。

③ 磨刀时应戴防护眼镜，以免砂砾和铁屑飞入眼中。

④ 磨刀时不要正对砂轮的旋转方向站立，以防意外。

⑤ 磨小刀头时，必须把小刀头装在刀杆上。

⑥ 砂轮支架与砂轮的间隙不得大于 3mm，发现过大，应调整适当。

6. 车刀角度的测量

车刀磨好后，必须测量其角度是否合乎要求。车刀的角度一般可用样板测量，如图 3-26（a）所示。对于角度要求高的车刀（螺纹刀），可以用车刀量角器进行测量，如图 3-26（b）所示。

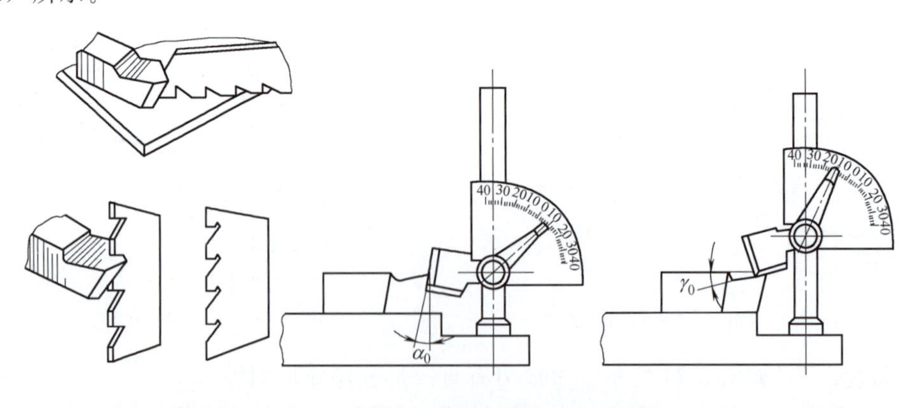

(a) 样板测量车刀角度　(b) 车刀量角器测量螺纹刀

图 3-26　车刀角度的测量

三、任务实施

① 90°偏刀的刃磨；

② 45°偏刀的刃磨。

练习题

一、选择题

1. 车床用的三爪自定心卡盘、四爪单动卡盘是属于（　　）夹具。

A. 专用　　B. 通用　　C. 组合

2. 三爪自定心卡盘上使用没有淬火的卡爪称为（　　）。

A. 硬卡爪　　B. 软卡爪　　C. 不软不硬卡爪

3. 在夹具中，（　　）装置用于确定工件在夹具中的位置。

A. 定位　　B. 夹紧　　C. 辅助

4. 硬质合金可转位车刀的夹紧方式是（　　）。

A. 焊接　　B. 机械夹紧　　C. 整体式　　D. 组合式

5. 通过切削刃上的某一选定点，切于工件过渡表面的平面称为（　　）。

A. 后刀面　　B. 切削平面　　C. 加工表面　　D. 前刀面

6. 在正交平面内测量的刀具基本角度有（　　）。

A. 刃倾角和主偏角B. 前角和刃倾角　　C. 前角和后角　　D. 主偏角

7. 为了减小切削时的振动，提高工件的加工精度，应取较大的（　　）。

A. 主偏角　　B. 副偏角　　C. 刃倾角　　D. 刀尖角

8. 精车时，为了使切屑排向待加工表面，避免损伤已加工表面，应选取（　　）的刃倾角。

A. 正值　　B. 零度　　C. 负值　　D. 大前角

9. 在高温下能够保持刀具材料切削性能的是（　　）。

A. 硬度　　B. 耐热性　　C. 耐磨性　　D. 强度

10. 高速钢车刀的（　　）较差，因此不能用于高速切削。

A. 强度　　B. 硬度　　C. 耐热性　　D. 工艺性

11. 加工塑性金属材料应选用（　　）硬质合金刀具。

A. P 类　　B. K 类　　C. M 类　　D. H 类

12. 车刀的装夹对（　　）角有影响。

A. 前　　B. 主偏　　C. 副偏　　D. 刀尖

13. 车刀的主偏角为（　　）时，其刀尖强度和散热性最好。

A. 45°　　B. 75°　　C. 90°　　D. 60°

14. 强力切削时应取（　　）。

A. 负刃倾角　　B. 正刃倾角　　C. 零刃倾角　　D. 大前角

15. 工件以外圆为基准保证位置精度时，车床一般用（　　）装夹工件。

A. 软卡爪　　B. 三爪卡盘　　C. 角钢　　D. 花盘

16. 车削中刀杆中心线与进给方向不垂直，会使刀具的（　　）发生变化。

A. 前、后角　　B. 主、副偏角　　C. 刃倾角　　D. 刀尖角

17. 用两顶尖装夹工件，工件定位（　　）。

A. 精度高，工件刚性较好　　B. 精度高，工件刚性较差

C. 精度低，工件刚性较好　　D. 精度低，工件刚性较差

二、判断题

1. 三爪卡盘一般不需要找正。（　　）
2. 四爪卡盘能够同时定心和离心。（　　）
3. 6S管理是整理、清洁、安全、整顿、清扫、素养。（　　）
4. 死顶尖夹持工件要不紧不松。（　　）
5. 一夹一顶可装夹形状复杂、多次调头的工件。（　　）
6. 增大前角可使切削刃锋利，增大切屑变形，降低已加工表面粗糙度。（　　）
7. 减小副偏角可以降低工件的表面粗糙度。（　　）
8. W18Gr4V是硬质合金。（　　）
9. 精加工时，车刀应选择较大的前角。（　　）
10. 硬质合金车刀的热硬性低于高速钢车刀。（　　）
11. 磨刀时，人站立在砂轮机的侧面，以防砂轮碎裂时，碎片飞出伤人。（　　）
12. 磨刀时不能用力过大，以免打滑伤手。（　　）
13. 在加工强度高、硬度高的材料时，为提高刀具耐用度，应选取较大的主偏角。（　　）

项目四

定位销的外圆粗车

学做目标：

1. 掌握轴类零件加工的技术要求；
2. 掌握常用车刀的材料与性能；
3. 掌握粗车外圆的基本技能；
4. 能熟练车削外圆；
5. 掌握行业标准与规范的查阅与使用；
6. 能查阅有关资料和自我学习，并能灵活运用理论知识解决实际问题；
7. 能具有良好的思想道德素质和健康的心理，能够承受较强的工作负荷及工作、生活中的各种压力；
8. 能具有职业健康、环保、安全、创新、创业意识和团队协作、独立工作、应对突发事件等能力。

机械加工任务：

定位销的外圆粗车，如图 4-1 所示。

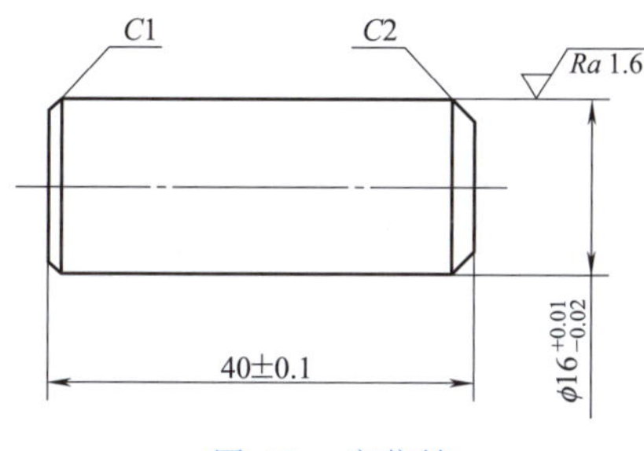

图 4-1　定位销

任务一　粗车定位销外圆

一、定位销

1. 定位销的作用

主要是定向定位。定向，方向不要搞错；定位，位置会更精确，图 4-2 为减速器中的定位销。

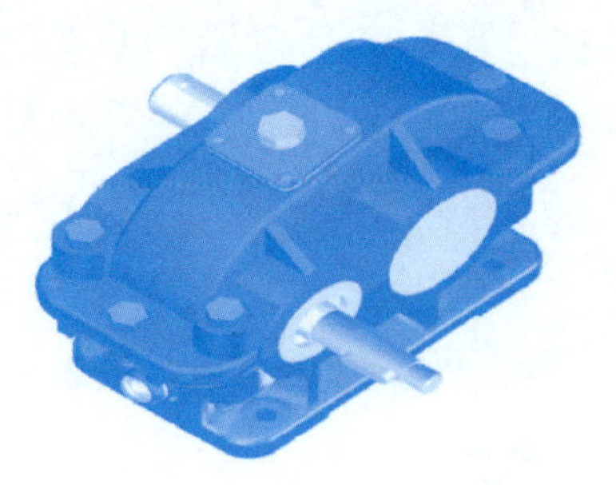
图 4-2　减速器中的定位销

2. 定位销的应用

主要应用在机器上，模具里也用得很多。

二、粗车定位销

将工件车削成圆柱形表面的操作称为车外圆。它是机械加工最基本的技能之一。车外圆可分为粗车、半精车和精车。

粗车的目的是切除加工表面的绝大部分的加工余量。粗车时，对加工表面没有严格的要求，只需留有一定的半精车余量（1～2mm）和精车余量（0.1～0.5mm）即可。

1. 工件的安装

要求：位置准确，装夹牢固，以保障加工质量和提高生产率。

方法：三爪卡盘装夹、四爪卡盘装夹、两顶尖卡盘装夹和一夹一顶装夹等。

2. 车刀的选用

应根据粗车和精车的不同要求来选择车刀。一般粗车选用硬质合金 75°偏刀、45°偏刀，也可选用 90°偏刀。

3. 车刀的安装

车刀的装夹按装夹技术要领来进行，等高、垂直、1.5 倍、合适、拧紧。

4. 切削用量的选择与车床的调整

粗车：背吃刀量为 1.5～3mm；进给量为 0.3～1.2mm；切速为 30～80m/min。

精车：背吃刀量为 0.1～0.5mm；进给量为 0.05～0.2mm；切速＞75m/min 或＜5m/min。

5. 调整车床步骤

① 调整主轴转速。

② 根据选取的进给量 f 调节进给箱手柄。

③ 根据选取的背吃刀量调节横向进给手柄。

6. 车削操作技术

对刀→纵向退刀→进刀→车削→退刀→检验，具体操作如图 4-3 所示。

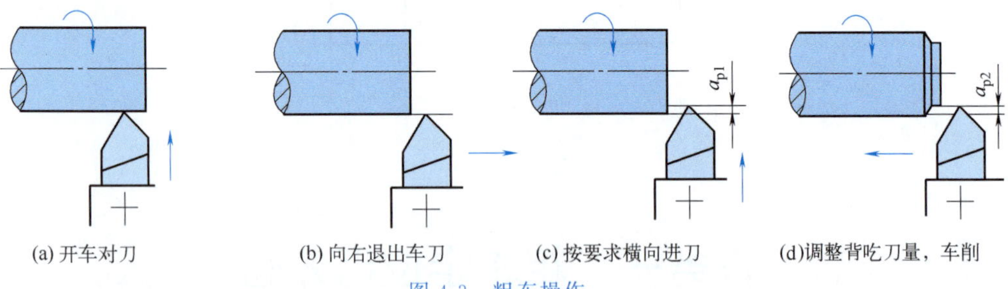

图 4-3　粗车操作

三、任务实施

① 手动粗车外圆；

② 自动粗车外圆；

③ 使用游标卡尺测量。

任务二　轴类零件相关知识认知

一、轴类零件加工的技术要求

轴类零件一般由典型表面复合而成，技术要求包括尺寸精度、形状精度、位置精度、表面粗糙度和热处理方法与表面处理（如电镀）等几个方面。

（一）轴类零件概述

轴类零件如图 4-4 所示。

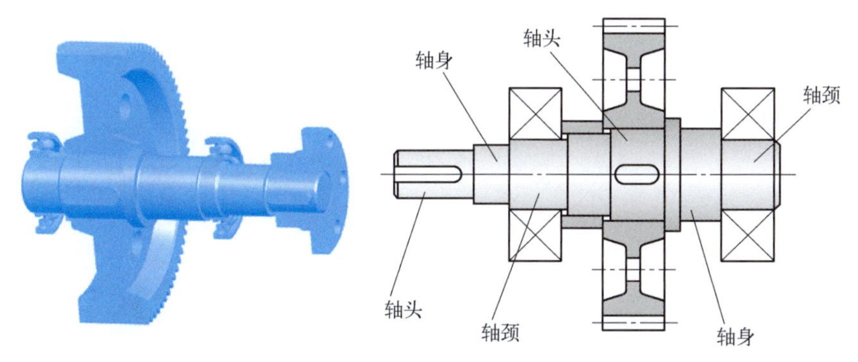

图 4-4　轴类零件

1. 分类

轴类零件按其作用可分为心轴、转轴和传动轴。按其结构形状可分为光轴、阶梯轴、空心轴和异形轴。

2. 轴类零件的组成

轴类零件一般由圆柱表面、台阶、端面、退刀槽、倒角、螺纹和圆锥等组成。

3. 常用材料

一般轴类零件常用 45 钢；对于中等精度、转速较高的，可选用 40Cr 等合金调质钢；精度较高的，用轴承钢（GCr15）和弹簧钢（65Mn）等材料加工。轴类零件最常用的毛坯是棒料和锻件。

（二）轴类零件主要技术要求

1. 尺寸精度

尺寸精度主要包括直径和长度尺寸精度，直径通常给出加工所允许的误差范围（即公差），误差在公差范围内，零件合格。长度方向的尺寸要求不严格，通常只给定基本尺寸。公差值的大小决定了零件的精确程度，公差值越小，则尺寸精度越高。图 4-5 为车床传动轴。

2. 形状精度

形状精度是指零件上的线、面要素的实际形状相对于理想形状的准确程度，它是用形状公差来控制的。形状公差主要包括圆度、圆柱度、直线度。这些误差将影响其与配合件的配合质量。

3. 位置精度

位置精度是指零件上的点、线、面要素的实际位置相对于理想位置的准确程度，它是用位置公差来控制的。位置精度主要包括同轴度、圆跳动、垂直度、平行度等。

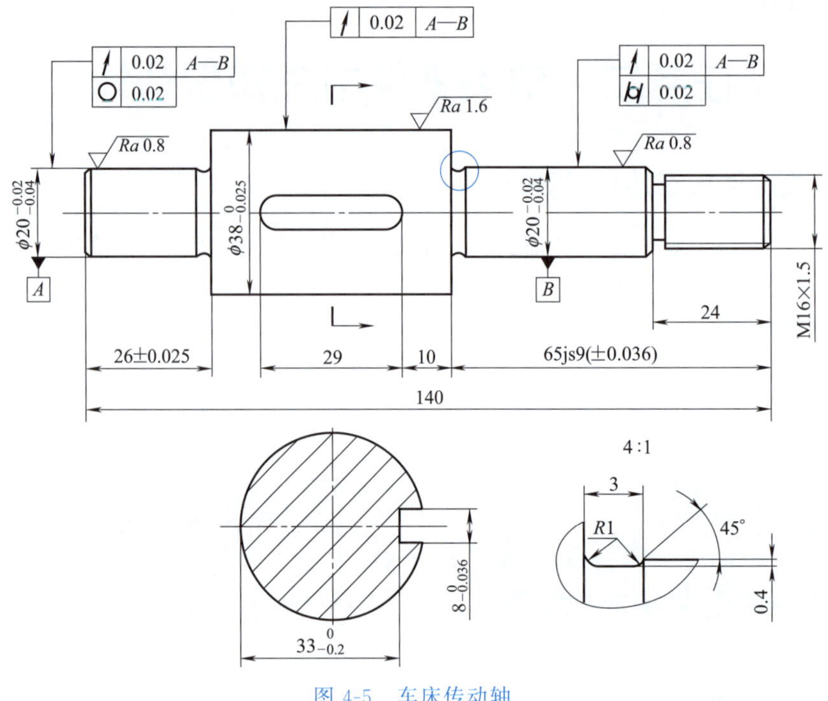

图 4-5　车床传动轴

4. 表面粗糙度

常用加工方法所获取的表面粗糙度如表 4-1 所示。

表 4-1　常用加工方法所获取的表面粗糙度

序号	加工方法	经济精度	粗糙度值	适用范围
1	粗车	IT13～IT18	12.5～50	适用于淬火钢以外的各种金属
2	粗车—半精车	IT10～IT11	3.2～6.3	
3	粗车—半精车—精车	IT7～IT8	0.8～1.6	
4	粗车—半精车—精车—滚压	IT7～IT8	0.25～0.2	
5	粗车—半精车—磨削	IT7～IT8	0.4～0.8	主要用于淬火钢，也可用于未淬火钢，不宜加工的有色金属
6	粗车—半精车—粗磨—精磨	IT6～IT7	0.1～0.4	
7	粗车—半精车—粗磨—精磨—超精加工	IT5	0.012～0.1	

二、任务实施

叙述轴类零件加工技术要求。

任务三　金属材料的力学性能

材料的性能体现在两个阶段，一个是由原材料制成零件的阶段，即制造阶段，对应不同的制造方法，材料的性能分为铸造性能、锻造性能、焊接性能和切削加工性能，这些性能称为制造性能或工艺性能，是材料在制造过程中表现出来的性能。材料制成零件后，就进入了另一个阶段，即使用阶段，材料在使用过程中所表现出来的性能，称为使用性能，使用性能包括材料的物理特性如密度、导电性等，称为物理性能；材料的化学特性如耐蚀性、抗氧化性，称为化学性能；以及材料的力学性能，即材料在受力时的表现，包括强度、硬度、塑性、韧性、疲劳强度。通常制造零件主要考虑的是力学性能。

一、强度

强度就是平常所说的结不结实。强度反映材料在外力作用下抵抗塑性变形和断裂的能力，也就是抵抗破坏的能力。强度指标有屈服强度 R_e 和抗拉强度 R_m，单位为 MPa。其中，屈服强度 R_e 反映材料在外力作用下抵抗塑性变形的能力，抗拉强度 R_m 反映材料在外力作用下抵抗断裂的能力。

1. 屈服强度 R_e

$$R_e = F_s / S_0$$

2. 抗拉强度 R_m

$$R_m = F_b / S_0$$

式中　F_s——试样发生屈服时的拉力，N；

F_b——试样发生断裂时的拉力，N；

S_0——试样的原始横截面积，mm^2。

由于一般机械零件在使用时不允许发生塑性变形，即要求零件所受的应力要小于屈服强度，所以选材与设计的主要依据是屈服强度。常用金属材料强度如表 4-2 所示。

表 4-2　常用材料的强度比较

材料	工业纯铁	45 钢	65 钢	HT200	纯铜	纯铝
R_e/MPa	180～280	600	695	200	230～250	80～100

二、塑性

塑性是指材料在外力作用下发生塑性变形的能力。塑性好，则可发生较大的塑性变形，即能拉得很长，压得很扁，弯得很弯，扭得很曲。塑性好的材料可发生较大的塑性变形而不断裂，所以适宜于捆绑物体和压力加工。常用材料的塑性如表 4-3 所示。

表 4-3　常用材料的塑性比较

材料	工业纯铁	45 钢	65 钢	灰铸铁	纯铜	纯铝
A/%	50	16	10	0	45～50	50
Z/%	80	40	30	0		80

代表材料塑性好坏的指标有两个：断后伸长率 A 和断面收缩率 Z。断后伸长率 A 和断面收缩率 Z 可通过拉伸实验确定。

1. 断后伸长率

断后伸长率 A 是指试样拉断后标距的伸长量与原始标距长度的百分比。

$$A = (L_1 - L_0) / L_0 \times 100\%$$

式中　L_0——试样的原始标距长度，mm；

L_1——试样拉断后标距的长度，mm。

2. 断面收缩率

断面收缩率 Z 是指试样拉断后颈缩处横截面积的缩减量与试样原始横截面积的百分比。

$$Z=(S_0-S_1)/S_0\times100\%$$

式中　S_0——试样的原始横截面积，mm^2；

S_1——试样拉断后颈缩处的横截面积，mm^2。

A 和 Z 越大，则材料的塑性越好。

三、硬度

硬度就是平常所说的软硬程度。说材料硬，其实是硬度高；而说材料软，则是硬度低。硬度是指金属表面抵抗外物压入的能力。由于硬度高的材料不易被压入，也不易形成压痕或划痕。所以，也把硬度定义为材料抵抗局部变形，特别是塑性变形、压痕或划痕的能力。

材料的硬度越高，则耐磨性越好。所以，对于工作时承受着摩擦磨损的零件，如齿轮的轮齿、链轮齿和链条、滚动轴承的内外圈和滚动体、滑动轴承的轴瓦及与之配合的轴等，要求具有高的硬度。高硬度是对刀具材料的主要要求，刀具材料的硬度要求在62HRC以上。

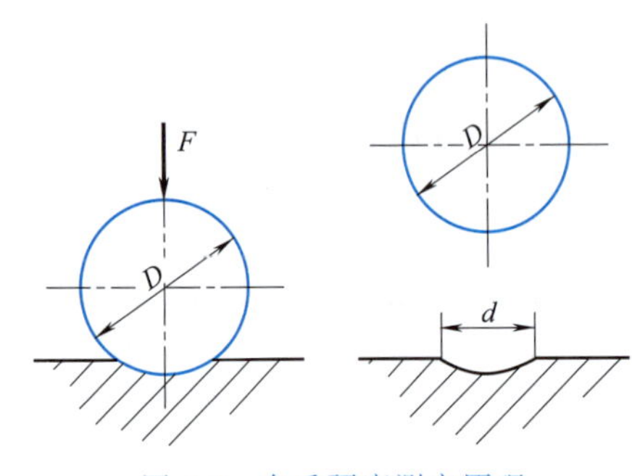

图 4-6　布氏硬度测定原理

材料的硬度通常通过压入法测定。压入法测定硬度的原理是：用一定的压力（F）把一定形状和尺寸（D）的压头压入材料表面，然后根据压痕（d）来确定硬度，如图 4-6 所示。长期的生产实践，形成了三种测定硬度的主要方法，它们是布氏硬度、洛氏硬度和维氏硬度。三种方法的主要区别在于压头的形状和尺寸以及利用的压痕尺寸数据。

布氏硬度用布氏硬度值数字和符号 HBW 表示。如 200HBW 表示布氏硬度值为 200。洛氏硬度用洛氏硬度值和洛氏硬度符号表示，如 60HRC、20～60HRC 等。维氏硬度用维氏硬度值和维氏硬度符号表示，如 200HV。

各种硬度值之间存在着如下的大致关系：

硬度在 200～600HBW 时，1HRC 相当于 10HBW。

硬度小于 450HBW 时，1HBW 相当于 1HV。

常用材料的硬度值如表 4-4 所示，除注明外，均为布氏硬度 HBW。

表 4-4　几种材料的硬度比较

材料	20 钢	45 钢	65 钢	T12 钢	灰铸铁	硬铝合金	黄铜
状态	热轧	热轧	热轧	淬火	铸态	硬化	硬化态
硬度	156	229	255	>62HRC	100～250	70～100	140～160

由于硬度测量简便、快捷，且不破坏零件（非破坏性试验），在一定条件下还能反映材料的其他力学性能，如强度和耐磨性，所以硬度测量极为广泛。设计者常常把硬度标注在图纸上，作为零件检验、验收的依据之一。材料的硬度和强度之间有如下的近似关系：

$$R_m=K\times HBW$$

退火状态的碳钢 $K=0.34\sim0.36$，合金调质钢 $K=0.33\sim0.35$，有色金属 $K=0.33\sim0.53$。

四、韧性

很多零件在工作过程中承受着冲击。如火车在开车、刹车或改变速度时，车辆间的挂钩、连杆以及曲轴等都将受到冲击；齿轮啮合时轮齿间存在着冲击；另外，还有一些机械本身就是利用冲击载荷进行工作的，如锻锤、冲床、凿岩机、铆钉枪等，其中一些零件必然要受到冲击。对于这些零件，要求具有抗冲击能力。材料抵抗冲击破坏的能力称为冲击韧性，简称为韧性。反映材料韧性高低的指标是冲击吸收能量，用“K”表示。

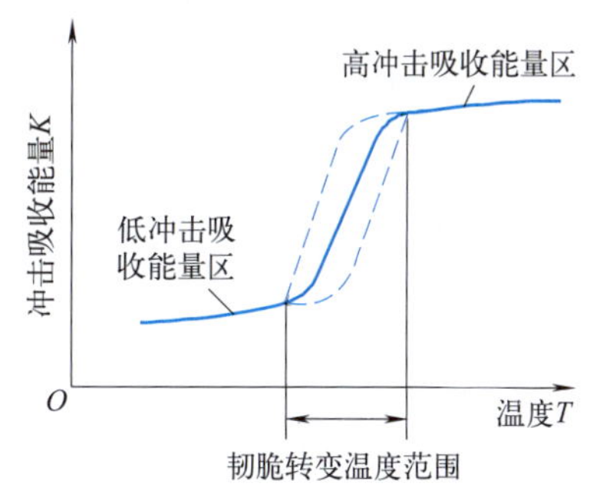

图 4-7　材料的韧脆转变

材料的冲击吸收能量随温度降低而减小，如图 4-7 所示，而且当低至某一温度时，会出现冲击吸收能量的陡降，出现冲击吸收能量陡降的温度范围，称为韧脆转变温度。材料的工作温度应在韧脆转变温度之上，这样能够确保安全。材料的韧脆转变温度越低，越适于在低温下使用。

五、疲劳强度

材料所受的力也称为载荷。载荷通常可分为静载荷和交变载荷，如图 4-8 所示。静载荷是指大小和方向不随时间变化的载荷。只有大小随时间缓慢变化的载荷也称为静载荷。例如，塔设备（无线电波发射塔、化学反应塔等）对地面的压力、悬吊灯的灯线（或膨胀螺栓）所受的拉力等都是静载荷。交变载荷是指力的大小和（或）方向随时间做周期性变化的载荷。例如，当齿轮单向转动时，轮齿的受力大小是变化的；而当齿轮正反转时，轮齿受力的大小和方向都是变化的。减速器中的齿轮轴及压缩机中的曲轴、连杆、活塞销等所受的载荷都是交变载荷。

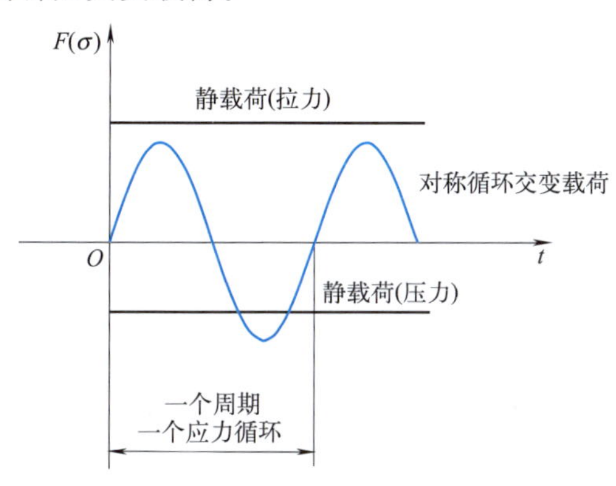

图 4-8　静载荷（静应力）与交变载荷（交变应力）

所谓疲劳是指材料在交变载荷作用下发生的突然断裂现象。在交变载荷作用下，虽然材料所受的应力小于其抗拉强度，甚至低于材料的屈服强度（一说“弹性极限”），但经过较长时间的工作后，会发生无显著外观变形的突然断裂，这就是疲劳。疲劳断裂与静载荷下断裂不同。疲劳断裂时事先都不产生明显的塑性变形，断裂往往是突然发生的，因此具有很大的突然性和危险性，常常造成严重事故。据统计，机件断裂事故中 80% 以上是由疲劳造成的，因此，提高机件的抗疲劳能力具有很大的实际意义。反映材料抵抗疲劳破坏能力的指标是疲劳强度或疲劳极限。

六、任务实施

叙述金属材料的力学性能。

任务四　铁碳合金基本组织认知

一、铁碳合金基本组织

1. 铁素体

铁素体是碳溶于 α-Fe 中的间隙固溶体，用符号“F”表示，呈体心立方晶格（BCC）。

性能特点：塑性、韧性好，而强度、硬度低。其金相组织如图 4-9 所示。

2. 奥氏体

奥氏体是碳溶于 γ-Fe 中的间隙固溶体，用符号“A”表示，呈面心立方晶格（FCC）。

性能特点：常温下具有一定的强度和硬度，塑性、韧性好，高温时（800℃以上）强度极低、塑性极好，故生产时将钢加热到奥氏体状态可进行塑性加工。其金相组织如图 4-10 所示。

3. 渗碳体

渗碳体是铁与碳形成的一种具有复杂晶格的金属化合物，用化学分子式 Fe_3C 表示。$W_C=6.69\%$，熔点为 1277℃。其金相组织如图 4-11 所示。

性能特点：硬而脆，塑性极差。

渗碳体是强化相，其晶粒的形状、大小、数量和分布对钢的性能有很大的影响。

以上三种相是基本相，铁碳合金固态下相结构可分为固溶体和金属化合物，属于固溶体的相有 F 和 A，属于金属化合物的相有 Fe_3C。

4. 珠光体

珠光体是铁素体与渗碳体的机械混合物，用符号“P”表示，是 A 在 727℃发生共析转变的产物。其金相组织如图 4-12 所示。

性能特点：介于 F 和 Fe_3C 之间，强度较高，硬度适中，塑韧性较好。

5. 莱氏体

莱氏体分为高温莱氏体（Ld）和低温莱氏体（Ld′），低温莱氏体又叫变态莱氏体。

Ld 的组成：$A+Fe_3C$，存在于 727～1148℃之间；Ld′的组成：$P+Fe_3C$，存在于 727℃以下。其金相组织如图 4-13 所示。

性能特点：硬度很高，塑性极差。

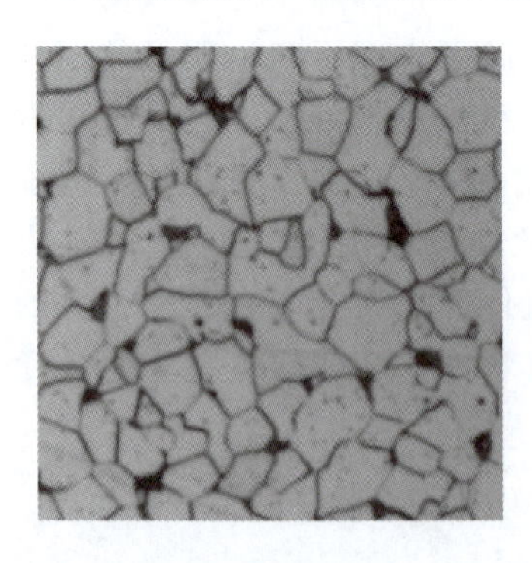

图 4-9　铁素体

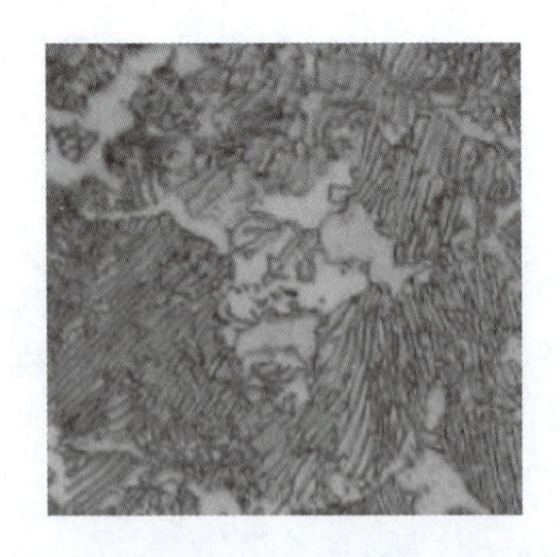

图 4-10　奥氏体

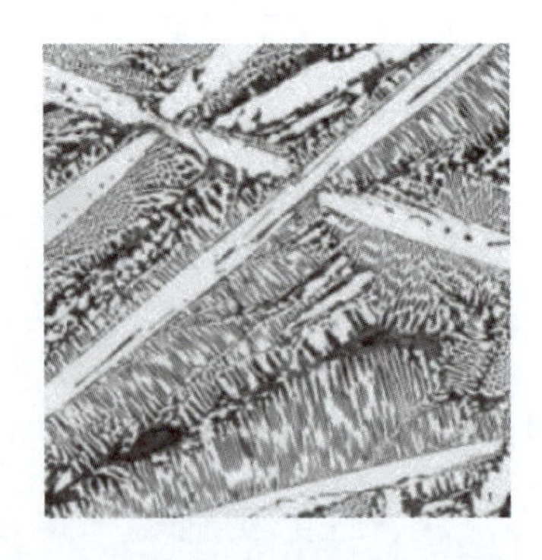

图 4-11　渗碳体

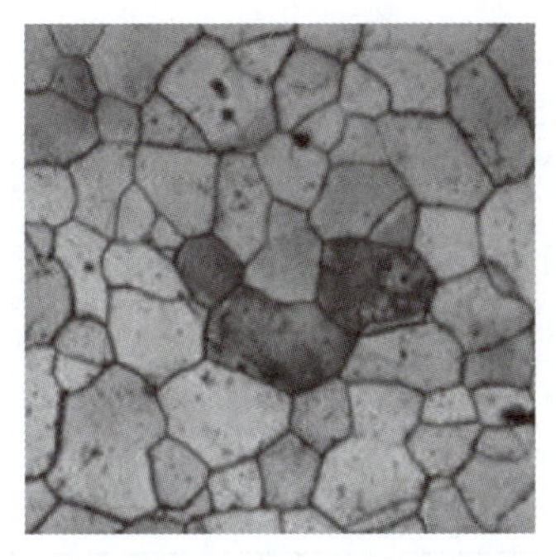
图 4-12　珠光体

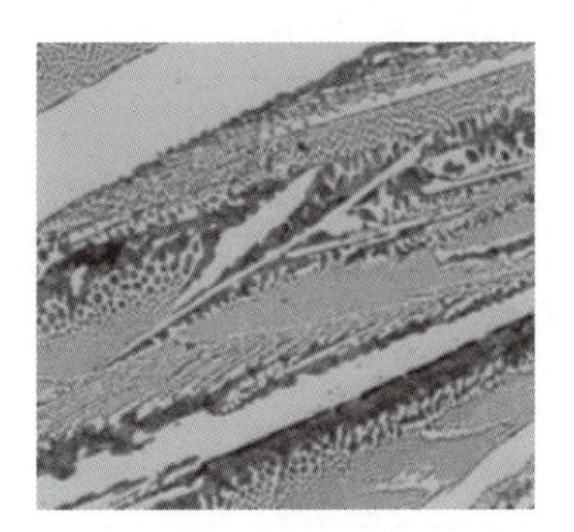
图 4-13　莱氏体

二、任务实施

识别铁碳合金基本组织。

任务五　铁碳合金相图

Fe-Fe_3C 相图是表示在极其缓慢加热和冷却条件下，即平衡状态下，其成分、温度与组织之间的关系图。它非常重要，是热处理的基础，是分析焊缝及热影响区域组织变化的基础，也是掌握常用钢铁材料性能的基础。图 4-14 Fe-Fe_3C 相图是简化相图。

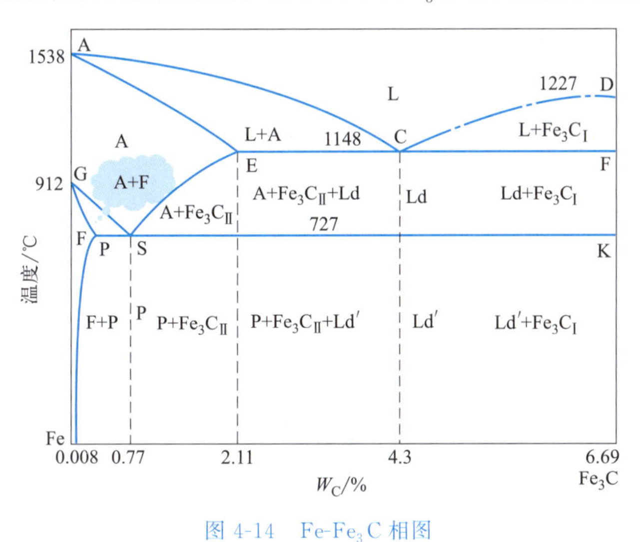

图 4-14　Fe-Fe_3C 相图

一、 Fe-Fe_3C 相图分析

1. Fe-Fe_3C 相图的特性点（表 4-5）

表 4-5　Fe-Fe_3C 相图特性点

特性点	温度/℃	W_C/%	含义
A	1538	0	纯铁熔点
C	1148	4.3	共晶点，L(液相)在 C 点转变为 Ld
D	1227	6.69	Fe_3C 熔点

续表

特性点	温度/℃	W_C/%	含义
E	1148	2.11	C在γ-Fe中最大溶解度
F	1148	6.69	Fe_3C的成分
G	912	0	纯铁同素异晶转变点
P	727	0.0218	C在α-Fe中最大溶解度
S	727	0.77	共析点，A(奥氏体)在S点转变为P
Q	600	0.0057	C在α-Fe中最大溶解度
K	727	6.69	Fe_3C的成分

2. Fe-Fe_3C 相图的特性线（表 4-6）

表 4-6 Fe-Fe_3C 相图特性线

特性线	名称	含义
AC	液相线	开始结晶出A
CD	液相线	开始结晶出Fe_3C
AE	固相线	A结晶终了线
ECF	共晶线	L→Ld共晶转变线
GS	开始线	A析出F开始线
GP	终了线	A析出F终了线
ES	固溶线	A析出Fe_3C开始线
PQ	固溶线	F中的C以三次Fe_3C形式析出
PSK	共析线	As→P共析转变线

3. Fe-Fe_3C 相图的相区

（1）单相区

L区；A区；F区。

（2）两相区

L+A；L+Fe_3C；A+Fe_3C；A+F；F+Fe_3C。

（3）三相共存线

ECF是L、A、Fe_3C三相共存线；PSK是F、A、Fe_3C三相共存线。

二、铁碳合金的平衡结晶过程及其组织

（一）铁碳合金的分类

1. 工业纯铁

W_C<0.0218%，室温组织为F。

2. 钢

共析钢：W_C=0.77%，室温组织为P。

亚共析钢：0.0218%<W_C<0.77%，室温组织为F+P。

过共析钢；W_C>0.77%，室温组织为P+Fe_3C_{II}

3. 白口铸铁

共晶白口铸铁：W_C=4.3%，室温组织为Ld′。

亚共晶白口铸铁：W_C<4.3%，室温组织为P+Fe_3C_{II}+Ld′

过共晶白口铸铁：$W_C>4.3\%$，室温组织为 $Ld'+Fe_3C_Ⅰ$。

（二）典型成分铁碳合金的平衡结晶过程及其组织

1. 共析钢（$W_C=0.77\%$）

$L \to L+A \to A \to P$

2. 亚共析钢（$W_C=0.45\%$）

$L \to L+A \to A \to F+A \to F+P$

3. 过共析钢（$W_C=1.2\%$）

$L \to L+A \to A \to Fe_3C+A \to Fe_3C+P$

三、铁碳合金成分、组织、性能之间的关系

1. 碳的质量分数对组织的影响

随 W_C 的增大，组织变化规律如下：

$F \to F+P \to P \to P+Fe_3C_Ⅱ \to P+Fe_3C_Ⅱ+Ld' \to Ld' \to Ld'+Fe_3C_Ⅰ$。

钢：随着碳的质量分数增加，铁素体减少、渗碳体增加，强度增加，塑性下降。

2. 碳的质量分数对铁碳合金力学性能的影响

$W_C<0.9\%$时，随着 W_C 增加，硬度增加、强度增加，塑性下降、韧性下降。

$W_C>0.9\%$时，随着 W_C 增加，硬度增加、强度降低，塑性下降、韧性下降。

四、Fe-Fe_3C 相图的应用

1. 在钢铁材料选材方面的应用

W_C→组织→性能→材料，如建筑用钢需要塑韧性好，应选用 $W_C=0.1\%\sim0.25\%$的钢材；机械零件需要综合力学性能好，应选用 $W_C=0.30\%\sim0.55\%$的钢材；各种工具用钢需要硬度高、耐磨性好，则应选用 $W_C=0.7\%\sim1.2\%$的高碳钢。

2. 在热加工工艺方面的应用

（1）在铸造方面的应用

由相图可知，共晶成分的铁碳合金熔点最低，结晶温度范围最小，具有良好的铸造性能，因此，铸造多选用接近共晶成分的铸铁。

（2）在锻压方面的应用

由相图可知，钢在高温时呈 A 状态，其强度较低，塑性很好，易于变形。所以钢材的锻造、热轧等多选择在此温度范围内进行。

（3）在热处理方面的应用

退火、正火、淬火的加热温度都是根据相图确定的。

（4）在焊接中的应用

焊接时焊缝周围温度不同，冷却后其组织也不同，性能不同，利用相图可分析焊缝区的组织，然后选用适当的热处理改善其组织和性能。

五、任务实施

识读铁碳合金相图。

练习题

一、选择题

1. 屈服强度反映材料抵抗（　　）的能力。
A. 塑性变形　　B. 断裂　　C. 腐蚀　　D. 弹性变形
2. 抗拉强度反映材料抵抗（　　）的能力。
A. 塑性变形　　B. 断裂　　C. 腐蚀　　D. 弹性变形
3. 塑性反映材料（　　）的能力。
A. 抵抗塑性变形　　B. 抵抗断裂
C. 发生塑性变形　　D. 发生弹性变形
4. 韧性反映材料在外力作用下抵抗（　　）的能力。
A. 塑性变形　　B. 断裂　　C. 弹性变形　　D. 冲击
5. 承受冲击的零件如齿轮、活塞销等需要具有高的（　　）。
A. 强度　　B. 硬度　　C. 塑性　　D. 韧性
6. 轴类零件的主要技术要求是（　　）。
A. 尺寸精度与位置精度
B. 尺寸精度与形状精度
C. 尺寸精度、形状精度与表面粗糙度
D. 尺寸精度、形状精度、位置精度与表面粗糙度
7. 粗车外圆操作技术为（　　）。
A. 对刀→横向退刀→进刀→车削→退刀→检验
B. 对刀→纵向退刀→进刀→车削→横向退刀→检验
C. 对刀→纵向退刀→进刀→车削→退刀→检验
8. 下列组织中，脆性最大的是（　　），塑性最好的是（　　）。
A. F　　B. P　　C. A　　D. Fe_3C
9. 在平衡状态下，下列牌号的钢中强度最高的是（　），塑性最好的是（　　）。
A. 45　　B. 65　　C. 08F　　D. T12
10. Fe-Fe_3C状态图上的共析线是（　　），共晶线是（　　）。
A. ECF线　　B. ACD线　　C. PSK线
11. 金属化合物Fe_3C的性能特点是（　　）。
A. 熔点高、硬度低　　B. 熔点高、硬度高
C. 熔点低、硬度高
12. 铁碳合金的基本相是（　　）。
A. F+A　　B. A+Fe_3C　　C. F+Fe_3C
13. 铁碳合金的强度与碳的质量分数之间的关系规律是：当$W_C>0.9\%$时，随着碳质量分数的增加，其强度（　　）。
A. 增加　　B. 降低　　C. 不变

二、判断题

1. 材料发生塑性变形后，一定会发生尺寸或（和）形状的改变。（　　）

2. 屈服强度反映材料发生塑性变形的能力。(　　)

3. 抗拉强度反映材料抵抗断裂的能力。(　　)

4. 塑性是指材料抵抗塑性变形的能力。(　　)

5. 材料的硬度越高，则耐磨性越好。(　　)

6. 承受冲击的零件如齿轮、活塞销等需要具有高的硬度。(　　)

7. 有强烈冲击的场合需要高韧性。(　　)

8. 随着含碳量的提高，则强度、硬度升高，而塑性、韧性下降。(　　)

9. 钢的强度随碳质量分数的变化为：碳质量分数越高，则强度越高。(　　)

10. 铁碳合金的基本相是 $F+Fe_3C$。(　　)

项目五 ▶▶

定位销的外圆精车

学做目标：

1. 掌握常用金属材料的牌号、性能与应用；
2. 掌握精车外圆的基本技能；
3. 能根据轴类零件、齿轮类零件的使用性能进行正确选材；
4. 能熟练精车外圆；
5. 掌握行业标准与规范的查阅与使用；
6. 能查阅有关资料和自我学习，并能灵活运用理论知识解决实际问题；
7. 能具有良好的思想道德素质和健康的心理，能够承受较强的工作负荷及工作、生活中的各种压力；
8. 能具有职业健康、环保、安全、创新、创业意识和团队协作、独立工作、应对突发事件等能力。

机械加工任务：

外圆精车

精车定位销，如图5-1所示。

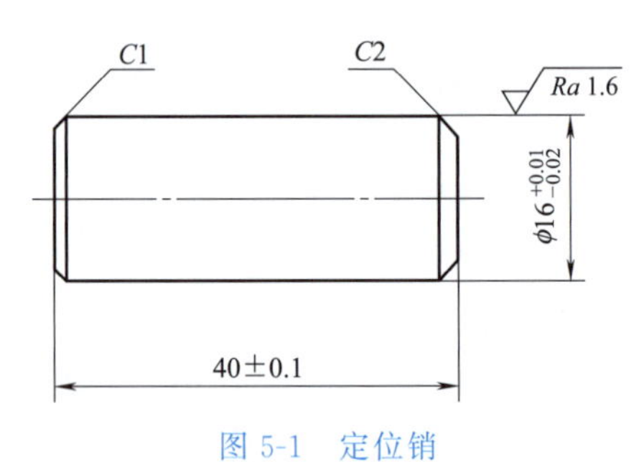

图5-1　定位销

任务一　定位销的外圆精车

一、精车外圆

1. 粗车与精车

粗车主要考虑的是提高生产率和保证车刀有一定的寿命。可采用大的背吃刀量和进给量以及小的车削速度。

精车加工余量小，一般精车余量为0.1～0.5mm，主要考虑的是保证加工精度和加工表面质量。使用硬质合金精车刀可采用大的切速和小的进给量，使用高速钢精车刀则采用小的切速和小的进给量。

2. 使用外径千分尺测量外圆

外径千分尺主要用来测量外径和外形尺寸，其精度高于游标卡尺。使用时测量方法要正确，读数时要准而快。

二、车削操作

为了准确控制尺寸，通常采用试切法。

试切法：对刀→退刀→进刀→试切→测量→车削，具体操作如图5-2所示。

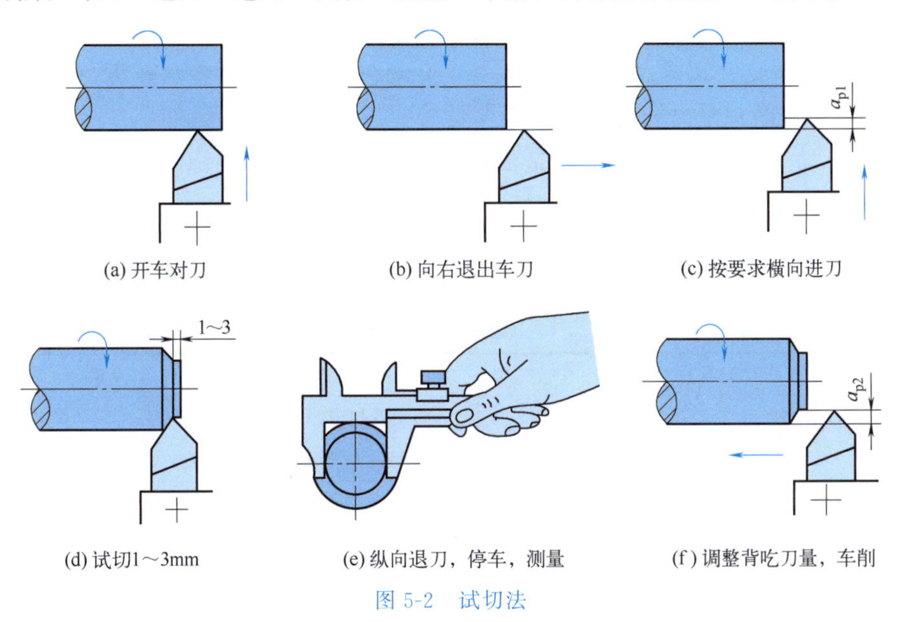

(a) 开车对刀　(b) 向右退出车刀　(c) 按要求横向进刀

(d) 试切1～3mm　(e) 纵向退刀，停车，测量　(f) 调整背吃刀量，车削

图5-2　试切法

三、任务实施

1. 图样分析

根据图样（图5-1）可知，定位销属于较为典型的定位工件，装夹方式可用三爪自定心卡盘，工件需要调头车削。

定位销加工顺序如下：粗车、精车端面→粗车外圆、精车外圆→倒角→调头粗车、精车端面→倒角。

2. 加工准备

① 看图样，了解加工内容，并检测工件加工余量。

② 安装好45°车刀及90°车刀，并装夹好工件。

③ 选择好切削用量，根据所需的转速和进给量调节好车床上手柄的位置。

④ 材料45钢，ϕ20×1000mm棒料。

⑤ 设备、工量具准备。CA6140A车床；0～25mm千分尺、150mm游标卡尺；90°偏刀、45°偏刀、切断刀。

3. 车削步骤

① 检查毛坯尺寸：ϕ20×1000mm 棒料。

② 用三爪自定心卡盘夹住一端，留出长度约 45mm，用 45°车刀车端面，车去余量 1mm 左右，车出即可。

③ 用 90°车刀车外圆 ϕ16.50，粗车留 0.5mm 余量，保证长度尺寸 41mm。

④ 精车 ϕ16.5 外圆到尺寸，切断并倒角 $C2$。

⑤ 调头装夹，用铜皮包住 ϕ16mm 外圆，用 45°车刀车出端面，保证总长 40mm±0.1mm，倒角 $C1$。

4. 注意事项

① 工件、刀具必须装夹牢固，注意安全。车刀刀尖一定要对准工件轴线。

② 工件不可伸出太长，比实际长度多出 5～10mm 即可。

③ 注意检查加工质量，特别是要记住各个刻度盘的数值。

④ 先用手动进给，熟练后可用机动进给。用机动进给时，当车削快到尺寸时，应改用手动慢慢进给，以防车削尺寸过大。

⑤ 测量所加工的工件，对加工中造成的误差进行分析，并在练习中加以纠正。按定位销的加工评分标准自检和互检。

5. 考核评价

定位销考核评价见表 5-1。

表 5-1 定位销的加工评分标准

序号	考核项目及要求		评分标准	配分	互检	质检	评分
1	尺寸精度	16	超差扣 10 分	30			
2		40	超差扣 5 分	10			
3	表面粗糙度	Ra≤1.6	超差扣 5 分	20			
4	倒角	$C1$、$C2$	超差不得分	10			
5	管理	安全文明及现场管理	违反一次扣 5 分	30			
合计				100			

姓名　　学号　　班级　　分数

任务二　非合金钢（碳钢）

铁在自然界中储量较多，冶炼方便，加工容易，价格低廉，力学性能较优良，因此，应用最广，用量最大。尽管其应用领域已部分被有色金属、陶瓷、塑料及复合材料所取代，但它仍占主导地位，所以选材应首先考虑碳钢。

一、非合金钢的分类

1. 按碳的质量分数分类

① 低碳钢：W_C<0.25%。

② 中碳钢：0.25%≤W_C≤0.6%。

③ 高碳钢：W_C>0.6%。

2. 按钢的用途分类

（1）碳素结构钢

用于机械零件和工程构件，多为低、中碳钢。

（2）碳素工具钢

制作刀具、量具和模具，为高碳钢。

3. 按质量等级分类

（1）普通质量非合金钢

它是在生产过程中不需要特别控制质量的钢种，主要包括碳素结构钢、碳素钢筋钢等。

（2）优质非合金钢

它是在生产过程中需要特别控制质量的钢种，如磷、硫含量，晶粒度等，主要有优质碳素结构钢、压力容器用钢等。

（3）特殊质量非合金钢

它是在生产过程中须特别严格控制质量和性能的钢种，常用的有铁道特殊碳钢、碳素弹簧钢、碳素工具钢等。

二、碳钢的牌号、性能和用途

1. 碳素结构钢

（1）牌号

牌号表示方法：Q+R_e 数值+质量等级符号+脱氧方法符号。

例如，Q235-A·F，表示 $R_e \geq 235$MPa，质量等级为 A 级（A、B、C、D 级，A 级质量最差），脱氧方法为沸腾钢（F）的碳素结构钢。

（2）成分特点

$W_C=0.06\%\sim0.38\%$。

（3）性能特点

强度、硬度低，塑性、韧性好，焊接性、冷成形性优良。

（4）用途

通过热轧成各种型材（如圆钢、方钢、钢板等），不经热处理而直接使用。Q195、Q215 常轧制成薄板、钢筋供应给市场；Q235C、D 级可用作焊接用材。用途很广，用量很大，主要用于汽车、铁道、桥梁、各类建筑工程，制造承受静载荷的各种金属构件及不重要、不需要热处理的机械零件和一般焊接件。

2. 优质碳素结构钢

（1）牌号

牌号表示方法：两位数字。数字为 W_C 的万分数。

常见牌号有 10、15、20、25、30、35、40、45、50、55、60、60Mn、65Mn 等。

A：表示高级优质；E：表示特级优质。

（2）成分特点

$W_C=0.08\%\sim0.65\%$。

（3）性能特点

以 45 钢为例，综合力学性能良好。

（4）用途

主要用于受力较大的零件，如轴（图 5-3）、齿轮（图 5-4）、连杆等。

图 5-3　轴

图 5-4　齿轮

3. 碳素工具钢

（1）牌号

牌号表示方法：T+数字。数字为 W_C 的千分数。如 T8、T10、T12。

（2）成分特点

W_C=0.65%～1.35%。

（3）性能特点

成本低，加工性能优良，强度、硬度较高，耐磨性好，但塑性、韧性差。

（4）用途

适用于制造各种低速刀具、量具，如图 5-5 所示。此类钢一般以退火状态供应给市场，使用时再进行适当的热处理。

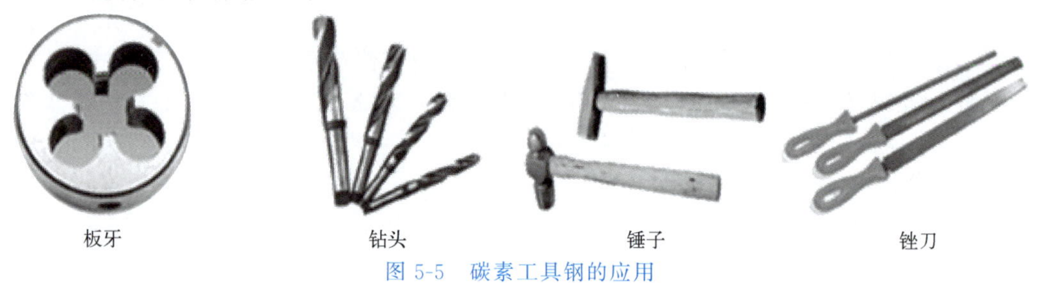

图 5-5　碳素工具钢的应用

4. 铸造碳钢

（1）牌号

ZG（铸钢）+两组数字（R_e 最小值+R_m 最小值）。如 ZG200-400；ZG270-500。

（2）成分特点

W_C=0.15%～0.6%。

（3）性能特点

铸造性能比铸铁差，但力学性能比铸铁好。

（4）用途

主要用于制造形状复杂、力学性能要求高而又难以锻压成形的比较重要的机械零件。如汽车的变速箱壳，机车的吊钩、联轴器等。

三、任务实施

叙述非合金钢的分类和用途。

任务三　常用合金钢

碳钢在某些方面不能满足力学性能要求，因而人们在碳钢的基础上添加了某些合金元素，大幅提高了其力学性能，也即研制并开发出合金钢。

一、合金钢的分类

GB/T 13304—2008《钢分类》：非合金钢、低合金钢、合金钢。

1. 低合金钢

低合金钢——合金元素的种类和含量低于国标规定范围的钢。

按质量等级，低合金钢可分为
↗普通质量低合金钢
→优质低合金钢
↘特殊质量低合金钢

2. 合金钢

按合金元素总量
↗低合金钢（$W_{Me}<5\%$）
→中合金钢（$W_{Me}=5\%\sim10\%$）
↘高合金钢（$W_{Me}\geq10\%$）

按合金元素种类：铬钢、锰钢、硅锰钢、铬镍钢等。

按用途：合金结构钢、合金工具钢、不锈钢及耐热钢等。

二、合金钢的牌号表示方法

牌号：数字＋元素符号＋数字＋拼音字母。

以 60Si2Mn 为例：$W_C=60/10000$，$W_{Si}=2\%$，$W_{Mn}<1.5\%$。

1Cr13：$W_C=1/1000$，$W_{Cr}=13\%$。

特例：GCr15（$W_{Cr}=1.5\%$），0Cr18Ni9（$W_C<0.08\%$），00Cr12（$W_C<0.03\%$）。

三、低合金高强度结构钢

1. 低合金高强度结构钢的化学成分

① 低碳。$W_C<0.20\%$，$W_{Me}<3\%$。

② 主加合金元素。Mn、Si、Ti、Nb、V 等。

2. 低合金高强度结构钢的牌号、性能及用途

（1）牌号

Q295、Q345、Q390、Q420、Q460。

（2）性能

高强度，良好的塑性、韧性，良好的焊接性、耐蚀性和冷成形性。

（3）用途

主要用于制造桥梁、车辆、船舶、压力容器等。

四、合金渗碳钢

1. 合金渗碳钢的化学成分

① 低碳。$W_C=0.10\%\sim0.25\%$。

② 主加合金元素。Cr、Ni、Mn、Si、B（提高淬透性）、W、Mo、V、Ti（碳化物强化相）。

2. 常用合金渗碳钢

牌号：20Cr、20CrMnTi、20Cr2Ni4。

性能：外硬内韧。

用途：用于承受冲击的耐磨零件，如汽车变速齿轮轴（图 5-6）、活塞销等。

图 5-6 齿轮轴

3. 合金渗碳钢的热处理

正火（预处理）→渗碳→淬火→低温回火。

五、合金调质钢

1. 合金调质钢的化学成分

① 中碳。$W_C=0.25\%\sim0.5\%$。

② 主加合金元素。Cr、Ni、Mn、Si、B（提高淬透性）、W、Mo、V、Ti（碳化物强化相）。

2. 常用合金调质钢

牌号：40Cr、35CrMo、38CrMoAl、40CrNiMoA 等。

性能：综合力学性能优良。

用途：用于制造在多种载荷（如扭转、弯曲、冲击）下工作，受力比较复杂，要求具有优良综合力学性能的重要零件。

3. 调质钢的热处理

① 正火或退火→淬火→高温回火。

② 正火→调质处理→表面淬火→低温回火。

六、任务实施

叙述常用合金钢的分类和用途。

任务四 铸 铁

铸铁是含碳量大于 2.11% 的铁碳合金，且含有较多的 Mn、Si、S、P 等杂质元素。同钢相比，它熔炼简便，成本低廉，虽然力学性能较差，但其具有良好的铸造性、减振性、耐磨性及切削加工性等，所以应用十分广泛。

一、铸铁的分类

碳在铸铁的存在形式有两种：渗碳体和石墨（G）。

根据碳的存在形式可分为：白口铸铁、灰口铸铁和麻口铸铁。

1. 白口铸铁

C 少量溶于 F 中，大部分以 Fe_3C 形式存在，其断口呈银白色，硬度高，脆性大，难以切削加工。主要用作炼钢原料。

2. 灰口铸铁

C 主要以 G 的形式存在，断口呈灰色，根据 G 形态不同可分为灰铸铁（片状）、球墨铸铁（球状）、可锻铸铁（团絮状）和蠕墨铸铁（蠕虫状）。

3. 麻口铸铁

C 一部分以游离态 Fe_3C 析出，另一部分以游离态 G 形式析出；断口布满灰白色相间的麻点。硬度高，脆性大，难以切削加工，使用少。

加入合金元素后得到合金铸铁，可提高其性能或得到某种特殊性能。

二、常用铸铁

1. 灰铸铁

灰铸铁的组织为碳钢基体+片状石墨，常用牌号有HT150、HT200，“HT”是“灰铁”的第一个汉语拼音首字母的大写，数字表示最小抗拉强度，单位为MPa；其力学性能远低于钢，抗压不抗拉，但具有良好的减振性、减摩性、导热性、切削加工性等；热处理主要有去应力退火、表面淬火和消除白口组织的高温退火；它常用来制造轴承套、工作台、机床床身、齿轮箱体（图5-7）。

2. 球墨铸铁

球墨铸铁的组织为钢的基体+球状石墨，常用牌号有QT600-3、QT450-10等，“QT”是“球铁”的第一个汉语拼音首字母的大写，第一个数字表示最小抗拉强度，单位为MPa，第二个数字表示最小伸长率；其力学性能不仅远远超过灰铸铁，而且同样具有良好的减振性、减摩性、切削加工性等；热处理主要有去应力退火、正火、调质处理等；球墨铸铁常用来代替碳钢制造曲轴（图5-8）、连杆、气缸套等。

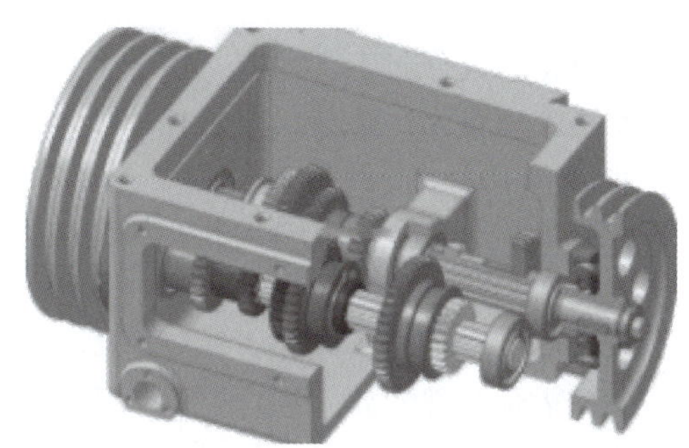

图5-7　齿轮箱体

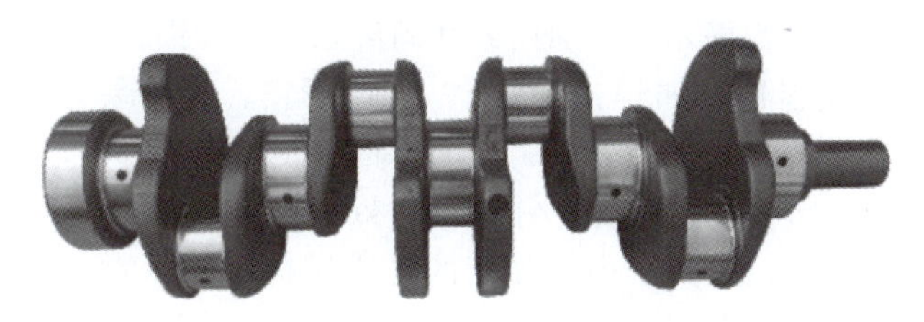

图5-8　球墨铸铁曲轴

3. 可锻铸铁

可锻铸铁的组织为碳钢基体+团絮状石墨，常用牌号有KTH300-06、KTZ550-04，“KTH”是“可铁黑”、“KTZ”是“可铁珠”的第一个汉语拼音首字母的大写，第一个数字表示最小抗拉强度，单位为MPa，第二个数字表示最小伸长率；可锻铸铁力学性能接近于球墨铸铁，常用于制造弯头、三通管件、中低压阀门等，万向轮与阀如图5-9所示。

图5-9　万向轮与阀

三、任务实施

叙述常用铸铁的分类和用途。

任务五　铝合金与铜合金

一、铝合金

按照化学成分与工艺性能，铝合金可分为变形铝合金和铸造铝合金，而变形铝合金又分为不能热处理强化铝合金和能热处理强化铝合金。

1. 变形铝合金

变形铝合金合金元素含量低，加热时均能形成单相 α 固溶体。此类铝合金的塑性好，适合于压力加工。

变形铝合金种类及代号：

防锈铝合金牌号如 5A21（代号 LF21）；

硬铝合金牌号如 2A11（代号 LY11）；

超硬铝合金牌号如 7A04（代号 LC4）；

锻铝合金牌号如 2A50（代号 LD5）。

防锈铝合金抗蚀性比纯铝好，通过加镁或锰固溶强化提高铝合金的强度，但不能时效强化。用于高耐蚀性的薄板容器（如焊接油箱）、防锈蒙皮、客车装饰条、窗框（图 5-10）、灯具等，也可用于制造受力小、轻质、耐腐蚀的结构件，如油管、铆钉。

硬铝合金、超硬铝合金经固溶强化，并通过时效强化可显著提高强度，但耐蚀性不高，构件表面包铝可改善耐蚀性。应用于中等强度的轻质结构零件，如飞机铆钉、大梁、桁条、隔框、蒙皮、螺旋桨叶片、起落架（图 5-11）等。

锻铝合金经固溶＋时效处理后，力学性能与硬铝合金相当，经软化退火后热塑性和耐蚀性良好，适合于锻造。应用于形状复杂的中等负荷零件，如压缩机叶片（图 5-12）、飞机桨叶片。

图 5-10　防锈铝合金门窗

图 5-11　飞机起落架

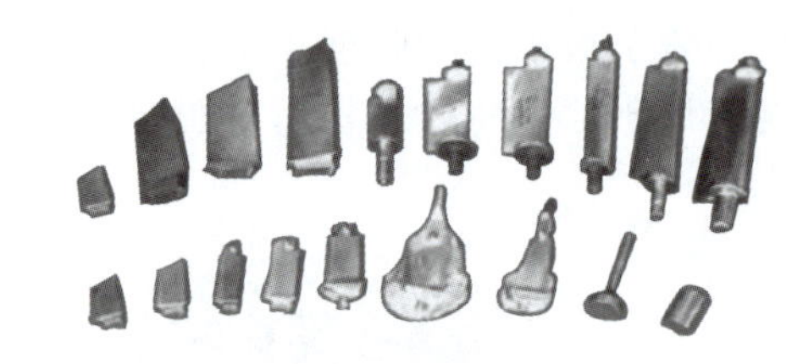

图 5-12　锻铝合金压缩机叶片

2. 铸造铝合金（俗称硅铝明）

铸造铝合金常见牌号为 ZAlSi12（代号 ZL102），合金元素含量较高，有共晶体结晶，铸造性能好，适宜于铸造，但塑性、韧性差。

铸造铝硅合金铸造性能优良，强度较高，耐蚀性和导热性良好。主要用于制造质量轻、形状复杂、耐蚀、一般强度要求的结构件，如汽车发动机活塞（图 5-13）、气缸头（图 5-14）及油泵壳体等。

图 5-13　活塞

图 5-14　气缸头

二、铜合金

1. 铜合金的分类

黄铜（铜锌合金）：普通黄铜、特殊黄铜、铸造黄铜。

青铜（铜锡合金）：锡青铜、无锡青铜。

白铜（铜镍合金）：结构白铜、电工白铜。

2. 普通黄铜

常用的普通黄铜牌号有 H90、H80、H70、H62 等。

H62 具有较高的强度、热塑性、切削性、焊接性，有“快削黄铜”之称。可制作深度冷冻设备的筒体、管板、法兰及螺母、黄铜阀及黄铜冲压件（图 5-15、图 5-16）等。

H70 强度高、塑性与冷成形性好，可制造弹壳、散热器外壳、雷管等，有“弹壳黄铜”之称。

H90 和 H80 具有优良的耐蚀性、导热性和冷、热压力加工性能，呈金黄色，有“金色黄铜”之美称，用于制作装饰材料、镀层、艺术品、散热器等。

图 5-15　黄铜阀

图 5-16　黄铜冲压件

3. 青铜

青铜是除锌以外的其他元素为主要合金元素的铜合金，以锡为主要合金元素的青铜称为锡青铜，除锡以外的其他元素为主要合金元素的青铜称为无锡青铜。

锡青铜在性能方面，比黄铜的强度、硬度和耐磨性好，力学性能与锡含量有关。主要用于耐磨、耐蚀及弹性元件，如滑动轴承、弹簧、蜗轮、丝杠螺母等。轴瓦和轴套如图 5-17、图 5-18 所示。

三、任务实施

叙述常用铝合金、铜合金分类和用途。

图 5-17　轴瓦

图 5-18　轴套

任务六　工程材料的选用

一、选材的一般原则

1. 使用性能

使用性能：力学性能、化学性能、物理性能。

根据工作条件 → 受力情况 / 外界环境 → 确定性能要求

2. 工艺性能

工艺性能主要有铸造性能、锻造性能、焊接性能、热处理性能、切削加工性能等。

（1）铸造性能

主要包括流动性、收缩率、吸气性、氧化性等。

（2）锻造性能

主要包括塑性、变形抗力等。

（3）焊接性能

用碳当量来表示，也包括焊接接头产生工艺缺陷（裂纹、脆性、气孔）的倾向及焊接接头在使用中的安全可靠性。

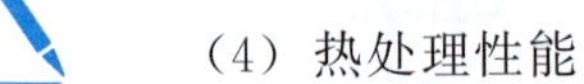

（4）热处理性能

包括淬透性、淬硬性、过热敏感性、变形和开裂倾向、回火稳定性。

（5）切削加工性能

包括切削抗力、刀具磨损、断屑能力、加工后表面质量好。

3. 经济性

满足上述两方面要求下，尽量使原材料与工艺成本最低，经济效益最好。它包括以下两个方面：

① 原材料的价格

② 国情与资源状况

4. 生产条件

设备、资金、技术人员、管理等。

二、常用零件的选材

1. 齿轮类

在设计齿轮时，通常按照其失效形式选择材料。

① 低速（v=1～6m/s）、轻载齿轮，开式传动，可采用灰铸铁、工程塑料制造。

② 低速、中速轻微冲击的齿轮，可采用 40 钢、45 钢或 40Cr 调质钢制造。对软齿面（≤350HBS）齿轮，可采用调质或正火处理；对硬齿面（>350HBS）齿轮，齿面应采用表面淬火或氮化处理。

③ 中速（v=6～10m/s）、中载或重载、承受较大冲击载荷的齿轮，可采用 40Cr、30CrMo、40CrNiMoA 等合金调质钢或氮化钢 38CrMoAlA 等制造。

④ 高速（v>10～15m/s）、中载或重载、承受较大冲击载荷的齿轮，可采用 20 钢或 20CrMnTi、12Cr2Ni4A 等合金渗碳钢制造，经渗碳和淬火、回火处理后，具有高的表面硬度（68～69HRC），以及较高的抗弯曲疲劳和抗剥落的性能。一般汽车、拖拉机、矿山机械中的齿轮，均采用这类材料制造。

2. 轴类

轴主要用于支承传动零件（如齿轮、带轮等），传递运动和动力，是机器中的重要零件。轴类零件通常都用调质钢制造。热处理工艺采用整体调质和局部表面淬火处理。主要用于扭矩不大、截面尺寸较小、形状简单的轴，一般采用 40 钢、45 钢、50 钢等优质非合金钢；扭矩较大、截面尺寸超过 30mm、形状简单的轴，如机床主轴，则采用淬透性较好的合金调质钢，如 40Cr、30CrMoA、40CrMnMo 等。

目前，对于小型内燃机曲轴等，大都采用球墨铸铁（QT600-09）制造成形代替钢材锻造成形，已广泛应用于轿车发动机用曲轴等的制造。

3. 箱体类

普通箱体材料一般采用灰铸铁 HT150、HT200 等，例如，普通车床的床身采用 HT200；对受力复杂、力学性能要求高的箱体，如轧钢机机架等可采用铸钢；要求重量轻、散热良好的箱体，如摩托车发动机气缸等，多采用铝合金铸造；受力很小，要求自重轻时，可考虑选用工程塑料；在单件生产箱体时，可采用 Q235A、20、Q345（16Mn）等钢板或型材焊成箱体。无论是铸造或焊接箱体，在切削前或粗加工后，一般应进行去应力退火或自然时效处理。

三、任务实施

进行工程材料的选用。

练习题

一、选择题

1. 在平衡条件下，下列牌号的钢中强度最高的是（　　），塑性最好的是（　　）。

A. 45　　B. 65　　C. T13　　D. Q235

2. 20 号钢中的 20 表示的是（　　）。

A. 抗拉强度值　　B. 屈服强度最低值

C. 布氏硬度值　　　　　　　　D. 碳的质量分数

3. 20CrMnTi 的性能特点是（　　）。

A. 综合力学性能良好　　　　　B. 高的强度、硬度，低的塑性、韧性

C. 外硬内韧

4. 低碳钢的含碳量为（　　）；中碳钢的含碳量为（　　）；高碳钢的含碳量为（　　）。

A. <0.25%　　　　　　　　　B. 0.15%～0.45%

C. 0.25%～0.60%　　　　　　D. 0.60%～1.40%

5.45 钢的 45 表示碳的质量分数为（　　）。

A. 0.45%　　B. 0.045%　　C. 4.5%　　D. 45%

6. HT200 牌号中的 200 表示（　　）强度为 200MPa。

A. 最低抗拉　B. 最高抗拉　C. 最低屈服　D. 最低抗压

7. 下列牌号中，属于变形铝合金的是（　　）。

A. LF201　　B. ZL101　　C. H60　　D. T12

8. 在下列钢中，属于合金渗碳钢的材料是（　　）。

A. 45　　　　　　　　　　　B. 20GrMnTi

C. 38GrMoAl　　　　　　　　D. GCr15

9. 在下列钢中，属于合金调质钢的材料是（　　）。

A. 45　　　　　　　　　　　B. 20GrMnTi

C. 38GrMoAl　　　　　　　　D. GGr15

10. 球墨铸铁 QT600-3 中的 600 表示为（　　），3 表示（　　）。

A. 最小抗拉强度，最大伸长率

B. 屈服强度最低值，最大收缩率

C. 最大抗拉强度，最小伸长率

D. 最小抗拉强度，最小伸长率

11. 45 钢的性能特点是（　　）。

A. 强度硬度高，塑性韧性差

B. 强度硬度高，塑性韧性高

C. 强度硬度低，塑性韧性好

D. 综合力学性能良好

二、判断题

1. 40 钢的含碳量为 0.40%，而 T10 钢的含碳量为 10%。（　　）

2. Q235 属于合金钢。（　　）

3. 65Mn 是低合金高强度结构钢。（　　）

4. 45 钢是碳素结构钢。（　　）

5. 20CrMnTi 含碳量是 2.0%。（　　）

6. 合金渗碳钢的性能特点是外硬内韧。（　　）

7. 合金调质钢的性能特点是综合力学性能优良。（　　）

8. 选择材料的原则是使用性能、工艺性能和经济性。（　　）

项目六

定位销的端面车削

学做目标：

1. 了解非金属材料的名称、性能与应用；
2. 掌握车端面的基本技能；
3. 能熟练粗车、精车端面；
4. 掌握行业标准与规范的查阅与使用；
5. 能查阅有关资料和自我学习，并能灵活运用理论知识解决实际问题；
6. 能具有良好的思想道德素质和健康的心理，能够承受较强的工作负荷及工作、生活中的各种压力；
7. 能具有职业健康、环保、安全、创新、创业意识和团队协作、独立工作、应对突发事件等能力。

机械加工任务：

端面车削，如图 6-1 所示。

车端面

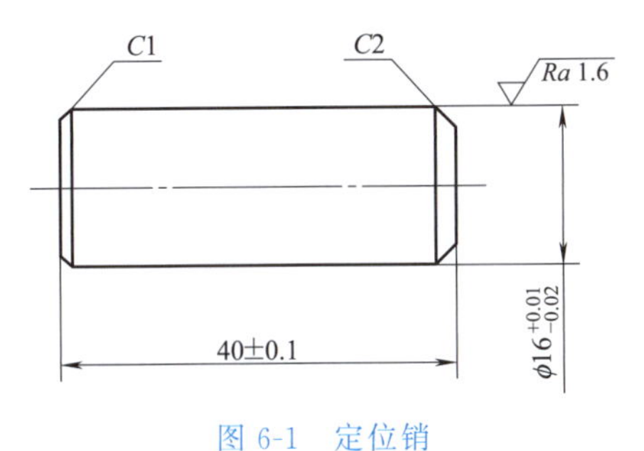

图 6-1 定位销

任务一 车削定位销端面

车端面与车外圆类似，只是车刀运行方向不同。

一、工件安装

长径比>5，若工件直径<车床主轴孔径，用三爪卡盘装夹，工件伸出端越短越好，尤其是直径很小的工件，否则会因刚性差而打刀。

二、车刀安装

刀尖必须与工件轴线等高，否则易产生凸台，并且极易崩刃打刀。

三、端面车削方法

开动车床使工件旋转，移动小滑板或床鞍，控制背吃刀量，然后锁紧床鞍，摇动中滑板手柄做横向进给，由工件外缘向中心车削；也可由内向外车削，如图 6-2 所示。

车端面时，因切削速度逐渐减少，影响表面粗糙度，所以转速要选高些；为防止凸台，需要把床鞍（大溜板）紧固在床身上。由内向外操作时可使偏刀与端面夹角为10°～15°。

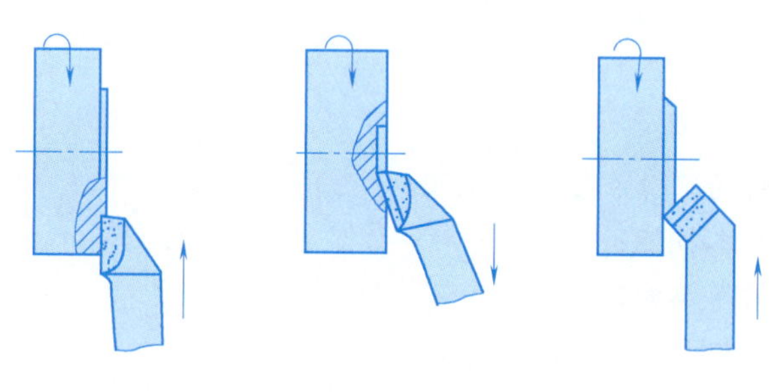

图 6-2　车端面

四、车端面时的注意事项

① 车刀的刀尖必须对准工件中心，以免端面留有小凸台。

② 车端面时，由于切速由外向内逐渐减小，将影响表面粗糙度，因此工件转速要选高些。

③ 车端面时，切削力会迫使刀具离开工件，从而使端面不平，常常需要把床鞍（大溜板）紧固在床身上。

五、任务实施

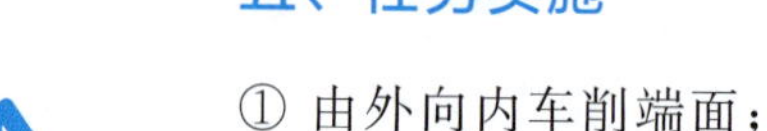

① 由外向内车削端面；

② 由内向外车削端面。

任务二　非金属材料

一、塑料

1. 塑料的组成

合成树脂+添加剂。

2. 塑料的分类

按使用范围分为通用塑料和工程塑料；按受热性能分为热塑性塑料和热固性塑料。

3. 塑料的性能

塑料具有良好的“可塑性”和“可调性”，同时还具有以下性能。

（1）物理性能

密度小（相当于钢密度的 1/4～1/7），电性能（良好的绝缘性），热性能（遇热和光易老化）。

（2）化学性能

良好的耐腐蚀性能。

（3）力学性能

强度与刚度不高，易蠕变与应力松弛。

4. 常用塑料

（1）聚乙烯（PE）

优点：不透明或半透明、质轻，耐低温性优良，电绝缘性、化学稳定性好，耐大多数酸碱侵蚀，是产量最高的品种。

缺点：不耐热。

（2）聚丙烯（PP）

优点：无色、半透明，无臭无毒，是最轻的通用塑料，密度仅为 0.90～0.919g/cm^3，强度、刚性和透明性都比聚乙烯好，可在水中耐蒸煮，耐腐蚀。

缺点：耐低温冲击性差，易老化。

（3）聚氯乙烯（PVC）

优点：绝缘、耐蚀性好；硬质 PVC 强度高、软质 PVC 强度低、泡沫聚氯乙烯密度低，隔热、隔音、防振。

缺点：耐热性差，易老化。

（4）聚苯乙烯（PS）

外观透明，但易发脆，通过加入聚丁二烯可制成耐冲击性聚苯乙烯（HTPS）。

（5）丙烯腈-丁二烯-苯乙烯三种单体共同聚合（ABS）

组分 A（丙烯腈）、B（丁二烯）和 S（苯乙烯）按不同比例组成，成分与制造方法不同，其性质也有很大的差别，一般具有良好的综合力学性能；优良的耐热性、耐油性能；尺寸稳定，易成形，表面可镀金属，电性能良好。

（6）聚四氟乙烯

聚四氟乙烯俗称“塑料王”，它具有优异的耐化学腐蚀性，优良的耐高、低温性能，摩擦系数小，吸水性小，硬度、强度低，抗压强度不高，成本较高。主要用于减摩密封零件、化工管道、电气设备、腐蚀介质过滤器等。

5. 常用工程塑料

尼龙 PA，聚碳酸酯 PC，聚甲醛 POM，ABS，聚酰胺 PA 等，如图 6-3～图 6-9 所示。

图 6-3　PE 波纹管

图 6-4　PVC 拉边袋

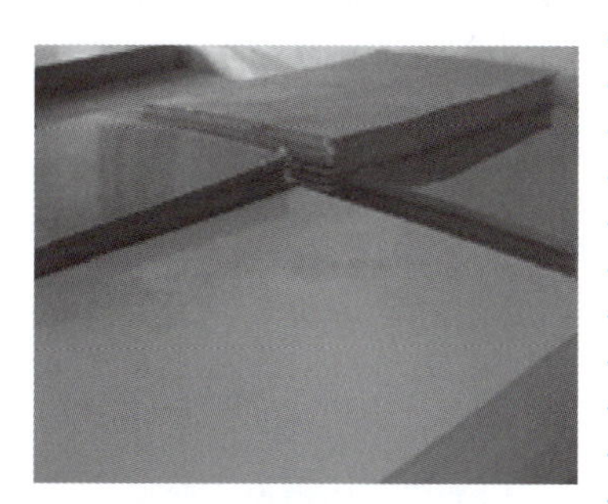

图 6-5　PS 聚苯乙烯板

图 6-6　PA 尼龙 12 挤管

图 6-7　PP 增强聚丙烯离心泵

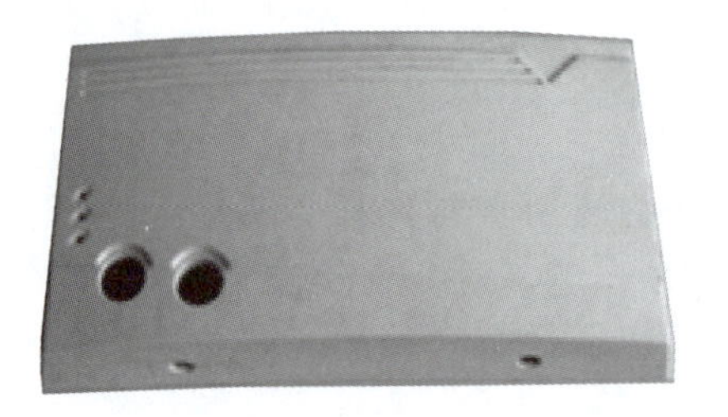

图 6-8　ABS 插座、手轮

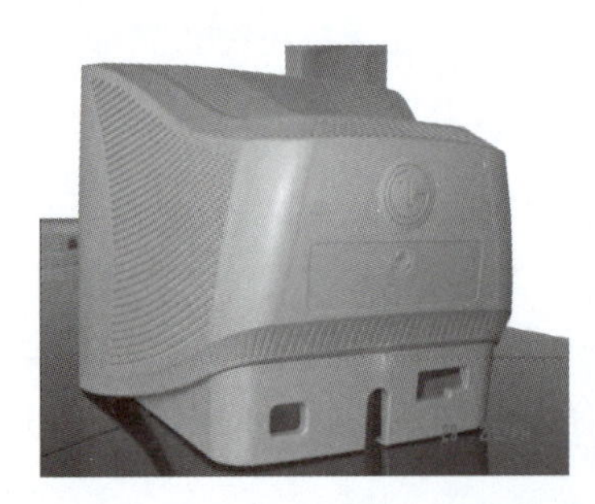

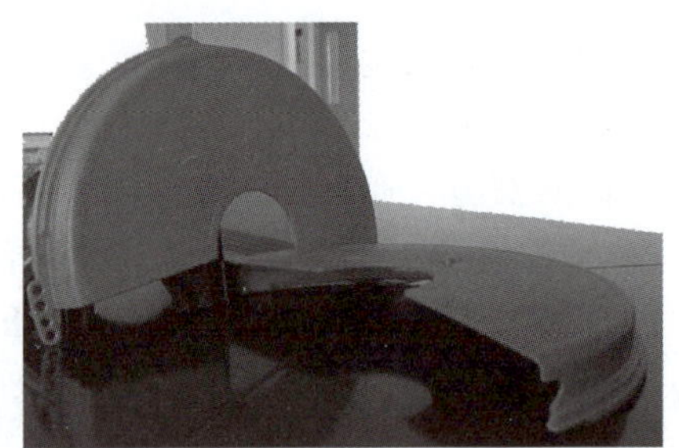

图 6-9　聚碳酸酯 PC 电脑外壳、电动工具

二、橡胶

1. 橡胶分类

橡胶按来源分为天然橡胶（聚异戊二烯）和合成橡胶（合成高分子物质）；按用途分为通用橡胶（制作轮胎、输送带、胶管、胶板等）和特种橡胶（在高温、低温、酸、碱、油和辐射介质条件下使用）。

2. 橡胶组成

生胶＋配合剂（硫化剂、硫化促进剂、增塑剂、填充剂、防老化剂）。

3. 橡胶性能

高的回弹性、可挠性，良好的耐磨性、电绝缘性、耐蚀性以及与其他物质的黏结性，隔音、吸振。

4. 常用橡胶

（1）天然橡胶 NR

以橡胶烃（聚异戊二烯）为主，含少量蛋白质、水分、树脂酸、糖类和无机盐等。其弹性大，力学性能较强，抗撕裂性和电绝缘性优良，耐磨性和耐旱性良好，加工性佳，易于与其他材料粘合，在综合性能方面优于多数合成橡胶。缺点是耐氧性和耐臭氧性差，容易老化变质；耐油性和耐溶剂性不好，抵抗酸碱的腐蚀能力低；耐热性不高。使用温度范围为－60～＋80℃。通常用来制作轮胎、胶鞋、胶管、胶带、电线电缆的绝缘层和护套以及其他通用制品。特别适用于制造扭振消除器、发动机减振器、机器支座、橡胶-金属悬挂元件、垫圈、膜片、模压制品，如图 6-10、图 6-11 所示。

图 6-10　橡胶弹簧

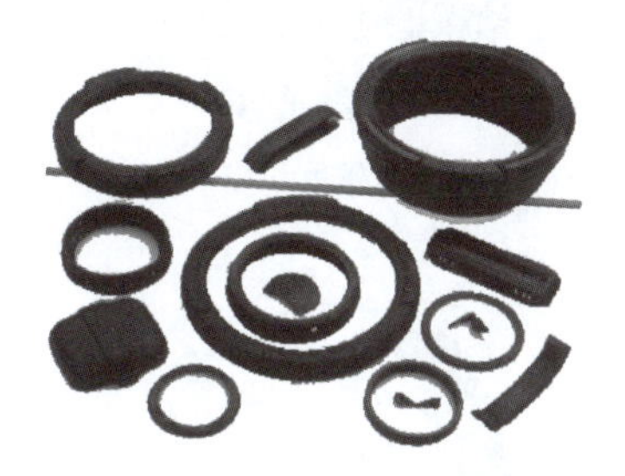

图 6-11　橡胶垫圈

（2）丁苯橡胶（SBR）

丁二烯和苯乙烯的共聚体。性能接近天然橡胶，是目前产量最大的通用合成橡胶，其特点是耐磨性、耐老化和耐热性超过天然橡胶，质地也比天然橡胶均匀。缺点是弹性较低，抗屈挠、抗撕裂性能较差；加工性能差，特别是自粘性差、生胶强度低。使用温度范围为－50～＋100℃。主要用以代替天然橡胶制作轮胎、胶板、胶管、胶鞋及其他通用制品，如图 6-12～图 6-14 所示。

图 6-12　胶鞋

图 6-13　轮胎

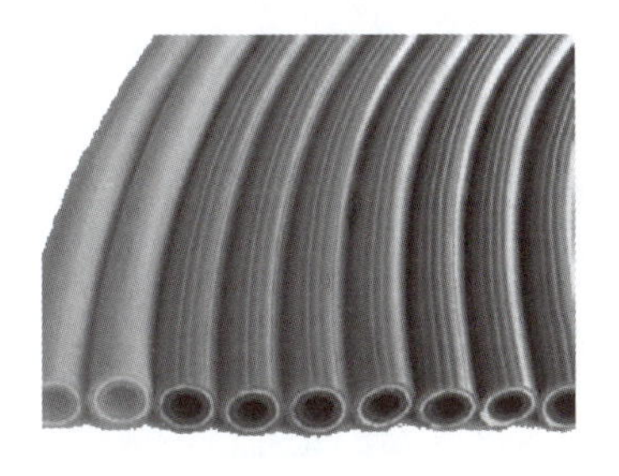

图 6-14　胶管

（3）顺丁橡胶（BR）

是由丁二烯聚合而成的顺式结构橡胶。优点是弹性与耐磨性优良，耐老化性好，耐低温性优异，在动态负荷下发热量小，易与金属粘合。缺点是强度较低，抗撕裂性差，加工性能与自粘性差。使用温度范围为－60～＋100℃。一般多和天然橡胶或丁苯橡胶并用，主要用于制作轮胎胎面、运输带和特殊耐寒制品，如图 6-15、图 6-16 所示。

（4）异戊橡胶（IR）

是由异戊二烯单体聚合而成的一种顺式结构橡胶。化学组成、立体结构与天然橡胶相似，性能也非常接近天然橡胶，故有合成天然橡胶之称。它具有天然橡胶的大部分优点，耐老化优于天然橡胶，弹性比天然橡胶稍低，加工性能差，成本较高。使用温度范围为－50～＋100℃，可代替天然橡胶制作轮胎、胶鞋、胶管、胶带以及其他通用制品，如图 6-17、图 6-18 所示。

图 6-15　载重子午线轮胎

图 6-16　顺丁橡胶件

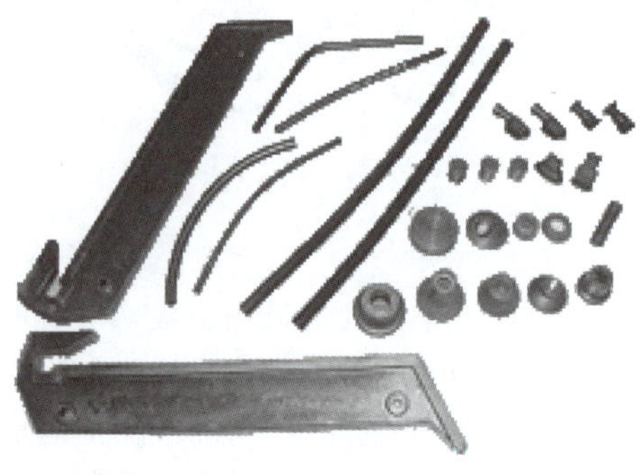

图 6-17　汽车橡胶制件

图 6-18　橡胶地垫

（5）丁腈橡胶（NBR）

丁二烯和丙烯腈的共聚体。特点是耐汽油和脂肪烃油类的性能特别好，仅次于聚硫橡胶、丙烯酸酯和氟橡胶，而优于其他通用橡胶。耐热性好，气密性、耐磨性及耐水性等均较好，粘结力强。缺点是耐寒性及耐臭氧性较差，弹性较低，耐酸性差，电绝缘性不好，耐极性溶剂性能也较差。使用温度范围为－30～＋100℃。主要用于制造各种耐油制品，如胶管、密封制品等，如图 6-19、图 6-20 所示。

图 6-19　管道橡胶内衬

图 6-20　橡胶密封件

（6）氟橡胶（FPM，橡胶王）

是由含氟单体共聚而成的有机弹性体。其特点是耐高温（可达 300℃），耐酸碱，耐油性是耐油橡胶中最好的，抗辐射、耐高真空性能好；电绝缘性、力学性能、耐化学腐蚀性、耐臭氧性、耐大气老化性均优良。缺点是加工性差，价格昂贵，耐寒性差，弹性、透气性较低。使用温度范围为−20～+200℃。主要用于国防工业制造飞机、火箭上的耐真空、耐高温、耐化学腐蚀的密封材料、胶管或其他零件及汽车工业，如图 6-21、图 6-22 所示。

图 6-21　氟橡胶圈

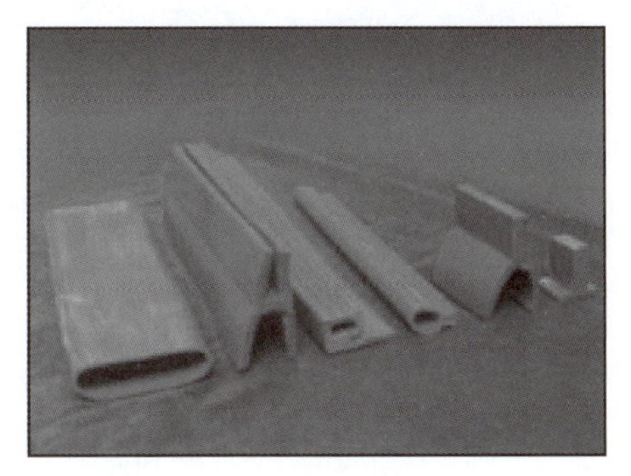
图 6-22　氟橡胶密封条

三、陶瓷

是用天然或合成化合物经过成形和高温烧结制成的一类无机非金属材料。

1. 陶瓷分类

（1）普通陶瓷

普通陶瓷由长石、黏土和石英等烧结而成，是典型的硅酸盐材料，主要组成元素是硅、铝、氧（三者占 90%以上）。普通陶瓷按用途可分为日用陶瓷、建筑陶瓷、电绝缘陶瓷和化工陶瓷等。

（2）特种陶瓷

采用高纯度合成的原料，并具有特殊性能。按用途分为结构陶瓷、工具陶瓷、功能陶瓷。按特性分为高温高硬度陶瓷、压缩陶瓷、光学陶瓷、磁性陶瓷等。

2. 陶瓷的特性

（1）力学性能

陶瓷是刚度和硬度都相当高的材料，其硬度大多在 1500HV 以上；抗压强度较高，但抗拉强度较低，塑性和韧性很差。

（2）化学性能

在高温下不易氧化，并对酸、碱、盐具有良好的抗腐蚀能力。

（3）热性能

熔点高（大多在 2000℃以上），导热性低，是良好的隔热材料；尺寸稳定性好，陶瓷线膨胀系数比金属低。

（4）电性能

电绝缘性良好，因此大量用于制作耐各种电压（1～110kV）绝缘器件；铁电陶瓷（钛酸钡 $BaTiO_3$）具有较高的介电常数，可用于制作电容器；能量转换，将电能转换为机械能（具有压电材料的特性），可用于扩音机、超声波仪、声呐仪等；半导体特性，少数陶瓷可用来制作整流器。

（5）光学性能

可用作固体激光器、光导纤维和光储存器等的材料，透明陶瓷可用于制作高压钠灯管等。

（6）磁性能

铁氧体在录音磁带、唱片、变压器铁芯和计算机记忆元件方面有应用。

3. 常用普通陶瓷（图 6-23）

图 6-23　日用陶瓷工艺品、器皿

4. 常用特种陶瓷

（1）结构陶瓷

① 氧化铝陶瓷。主要组成物为 Al_2O_3。

优点是耐高温，可在 1600℃下长期使用，耐腐蚀，强度高，其强度为普通陶瓷的 2～3 倍。

缺点是脆性大，不能承受突然的环境温度变化。用途：坩埚、发动机火花塞、高温耐火材料、热电偶套管、密封环等，也可作刀具和模具，如图 6-24、图 6-25 所示。

图 6-24　火花塞

图 6-25　坩埚

② 氮化硅陶瓷。主要组成物为 Si_3N_4。

特点是高温强度高、高硬度、耐磨、耐腐蚀并能自润滑；具有优良的电绝缘性和耐辐射性。可制作高温轴承、在腐蚀介质中使用的密封环、热电偶套管，也可用作金属切削刀具，如图 6-26、图 6-27 所示。

图 6-26　高温轴承

图 6-27　密封环

③ 碳化硅陶瓷。主要组成物为 SiC。

碳化硅陶瓷是高强度、高硬度的耐高温陶瓷，是目前高温强度最高的材料之一，具有良好的导热性、抗氧化性、导电性和高的冲击韧性。

常用来制作火箭尾喷管喷嘴、热电偶套管、炉管等高温部件；高温下的热交换器材料（导热性良好），砂轮、磨料等（高硬度、耐磨），如图 6-28、图 6-29 所示。

图 6-28 喷管

图 6-29 喷嘴

（2）工具陶瓷

① 金刚石。特性：天然金刚石是自然界最硬的材料，还有极高的弹性模量，同时也是热导率最高的材料，电绝缘性能很好，但热稳定性差。用途：用于超精密加工，可达到镜面光洁度，常用来制作钻头、刀具、磨具、拉丝模、修整工具。要注意的是，金刚石与铁族元素的亲和力大，故不能用于加工铁、镍基合金，而主要用来加工非铁金属和非金属，广泛用于陶瓷、玻璃、石料、混凝土、宝石、玛瑙等的加工，如图 6-30 所示。

图 6-30 金刚石刀具

② 立方氮化硼（CBN）。特性：其硬度高，仅次于金刚石，热稳定性和化学稳定性比金刚石好。常用于淬火钢、耐磨铸铁、热喷涂材料和镍等难加工材料的切削加工。可制成刀具、磨具、拉丝模等，如图 6-31、图 6-32 所示。

图 6-31 立方氮化硼刀具

图 6-32 立方氮化硼磨具

③ 其他工具陶瓷。如氧化铝、氧化锆、氮化硅等陶瓷，但其综合性能及工程应用均不及上述三种工具陶瓷，如图 6-33、图 6-34 所示。

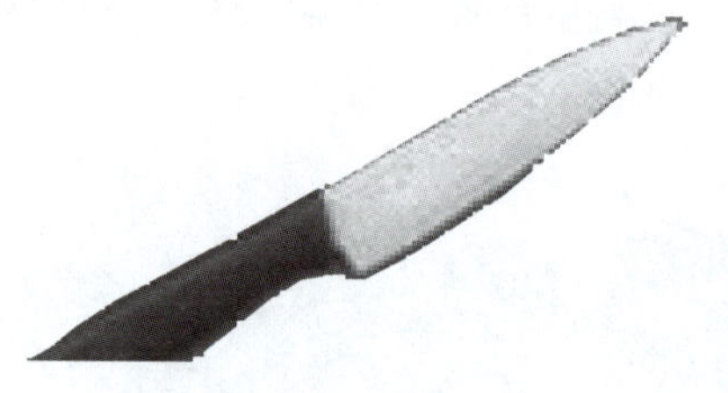

图 6-33　陶瓷刀

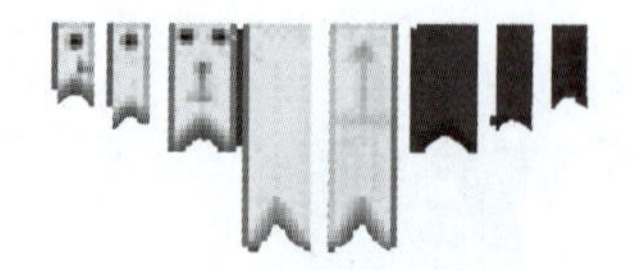

图 6-34　陶瓷剥线刀刀片

四、任务实施

进行非金属材料的选用。

练习题

一、选择题

1. 车削端面时，车刀的刀尖应（　　）工件中心。

A. 低于　　B. 高于　　C. 等于

2. 精车端面时，转速应选用（　　）。

A. 低速　　B. 高速　　C. 中速　　D. 都可以

3. 立方氮化硼刀具可用于切削（　　）。

A. 塑性材料　　B. 脆性材料

C. 难以切削的材料　　D. 所有材料

4. 塑料王指的是（　　）。

A. 聚乙烯　　B. 聚丙烯　　C. 聚氯乙烯　　D. 聚四氟乙烯

二、判断题

1. 车削端面时出现凸台是因为车刀的刀尖高于工件的中心。（　　）

2. 陶瓷刀具的耐热性低于硬质合金刀具。（　　）

项目七

台阶轴的车削

学做目标：

1. 掌握退火、正火、淬火、回火、感应淬火、渗碳的目的与工艺；
2. 掌握车台阶的基本技能；
3. 能熟练车削台阶轴；
4. 掌握行业标准与规范的查阅与使用；
5. 能查阅有关资料和自我学习，并能灵活运用理论知识解决实际问题；
6. 能具有良好的思想道德素质和健康的心理，能够承受较强的工作负荷及工作、生活中的各种压力；
7. 能具有职业健康、环保、安全、创新、创业意识和团队协作、独立工作、应对突发事件等能力。

机械加工任务：

车台阶轴，如图7-1所示。

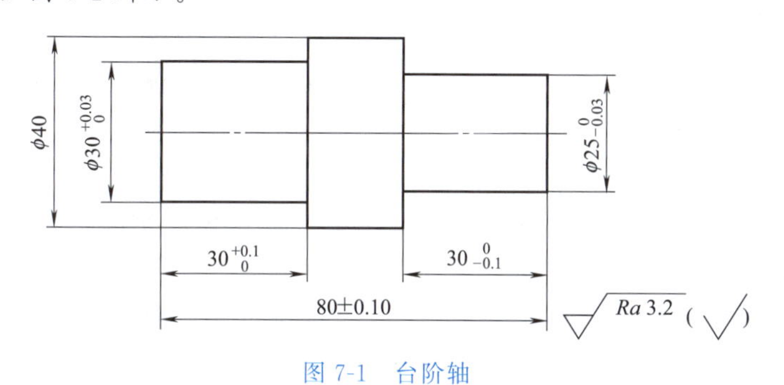

图7-1 台阶轴

任务一 车 台 阶

车台阶的实质是车外圆与车端面的组合加工。

一、车刀的选择与安装

车台阶轴上的台阶面应使用偏刀。车刀主切削刃要垂直于工件的轴线或与工件的轴线约成 95°角。

二、车削台阶工件的方法

在同一工件上，有几个直径大小不同的圆柱体连接在一起像台阶一样，就叫它为台阶工件。俗称台阶为“肩胛”。台阶工件的车削，必须兼顾外圆的尺寸精度和台阶长度的要求。

1. 台阶工件的技术要求

台阶工件通常与其他零件结合使用，因此它的技术要求一般有：各挡外圆之间的同轴度、外圆和台阶平面的垂直度、台阶平面的平面度以及外圆和台阶平面相交处的倾角。

2. 车刀的选择

常用的是 45°车刀或 75°和 90°的等几种车刀。一般初学者可以用 45°车刀车端面，用 90°车刀车外圆。

3. 端面车削

（1）车削前的准备工作

看图样，了解加工内容，并检测工件加工余量；选择 45°车刀，安装好车刀并装夹好工件；选择好切削用量，根据所需的转速和进给量调节好车床上手柄的位置。

（2）操作步骤

开车→对刀→进刀→退刀→试切→车削→退出。

（3）车端面的质量要求及检验

要求是平直、光洁。检查其是否平直，可采用钢尺作工具，严格时，也可用刀口形直尺做透光检查。车台阶一般都是从车端面开始的，其原因是为了能测量工件的长度。

4. 外圆车削

（1）车削前的准备工作

看图样，了解加工内容，并检测工件加工余量；选择 90°车刀，安装刀具并夹紧工件；选择合理的切削用量，根据所需的转速和进给量调节好车床上手柄的位置。

（2）操作步骤

开车→对刀→进刀→退刀→试切→测量→车削→退出。

车削台阶时，准确控制阶台的轴向长度尺寸是关键，控制台阶长度尺寸有以下几种方法：

① 刻线法控制台阶长度。用钢直尺或游标卡尺确定台阶的位置，再开机使工件旋转。用刀尖在工件圆面划一线痕，作为车削时的粗界线，线痕所确定的长度应比所需长度略短些。但最终的轴向尺寸要通过量具来检测。

② 用床鞍纵向进给刻度盘控制台阶长度。CA6140A 型车床床鞍进给刻度盘一格等于 1mm，据此可根据台阶长度计算出刻度盘手柄应摇动的格数。

③ 用挡铁控制台阶长度，在成批生产时常用。

三、任务实施

1. 图样分析

根据图 7-1 可知，台阶轴属于较典型的台阶工件，装夹方式可用三爪自定心卡盘，工件需要调头车削。

台阶加工顺序：车端面→粗车外圆→精车外圆→倒角→调头粗车外圆→精车外圆→倒角。

2. 加工准备

① 看图样，了解加工内容，并检测工件加工余量。

② 安装好 45°车刀及 90°车刀，并装夹好工件。

③ 选择好切削用量，根据所需的转速和进给量调节好车床上手柄的位置。

④ 材料为 45 钢，毛坯为 ϕ45×83mm 圆钢，每人一根。

⑤ 设备、工量具准备。CA6140A 车床；0～25mm、25～25mm 千分尺，150mm 游标卡尺等。

3. 车削步骤

① 检查毛坯尺寸：直径 45mm，长度 83mm。

② 用三爪自定心卡盘夹住一端，留出长度约 65mm，用 45°车刀车端面，车去余量 1mm 左右，车出即可。

③ 用 90°车刀粗车、精车外圆 ϕ40、ϕ25，保证台阶长度尺寸 30mm。

④ 调头夹住 ϕ25 外圆并找正，用 45°车刀车出端面，保证总长 80mm±0.1mm。

⑤ 粗车、精车 ϕ30 外圆，保证长度 30mm。

4. 注意事项

① 工件、刀具必须装夹牢固，注意安全。车刀刀尖一定要对准工件轴线。

② 工件不可伸出太长，比实际长度多出 5～10mm 即可。

③ 注意检查加工质量，特别是要记住各个刻度盘的数值。

④ 用自动车削时，当车到离工件尺寸较近时，应改用手动慢慢车削，以防车刀崩刃。

⑤ 台阶要清角。

⑥ 测量所加工的工件，对加工中造成的误差进行分析，并在练习中加以纠正。按台阶轴评分标准自检和互检。

5. 考核评价

台阶轴考核评价标准见表 7-1。

表 7-1 台阶轴的加工评分标准

序号	考核项目及要求		评分标准	配分	互检	质检	评分
1	尺寸精度	30、30、80	超差一处扣 5 分	20			
2		ϕ30、ϕ25	超差一处扣 5 分	40			
3	表面粗糙度	$Ra \leqslant 3.2$	超差一处扣 2 分	6			
4	倒角	C1	超差不得分	4			
5	管理	安全、文明生产及现场管理	违反一次扣 5 分	30			
合计				100			
姓名	学号		班级	分数			

任务二 钢的预备热处理

热处理是将金属在固态下进行加热、保温和冷却，以改变其内部组织及性能的一种工艺方法。对于同一种金属材料而言，采用不同的热处理工艺可获得不同的力学性能，从而满足不同零件的使用要求和工艺性能要求，有效地拓宽了材料的使用范围，有利于最大限度地发挥材料的潜能。

钢的整体热处理工艺主要有退火、正火、淬火和回火。退火和正火为预备热处理，目的是消除组织缺陷，或为机械加工做准备；而淬火和回火作为最终热处理，目的是提高工件的使用性能。

一、退火

1. 退火工艺及其目的

工艺：加热、保温、缓冷。

目的：降低硬度，改善成形和切削加工性能，使成分和组织均匀，细化晶粒，消除内应力。

2. 常用退火工艺方法

（1）完全退火与等温退火

加热至 A_{c3}（亚共析钢在加热过程中发生相变时的温度）以上 20～30℃，保温时间随工件大小和厚度而定，炉冷至 600℃左右出炉空冷。生产中常用等温退火代替完全退火。

目的：细化晶粒，消除过热组织，降低硬度和改善切削加工性能。适用于中、高碳钢的亚共析钢。

（2）球化退火

加热至 A_{c1}（共析钢和过共析钢在加热过程中发生相变时的温度）以上 20～30℃，保温后的冷却方式有两种。

① 普通球化退火：随炉缓冷至 500～600℃后，出炉空冷。

② 等温球化退火：先在 A_{r1}（钢材在冷却过程中发生相变时的温度）以下 20℃保温足够时间后，随炉缓冷至 500～600℃，再出炉空冷。

组织：在 F（铁素体）基体上分布着粒状碳化物（球化体）。对于过共析钢铸、锻、焊件，进行球化退火可使渗碳体球状化，改善切削加工性能，为淬火做组织准备，减小变形和开裂倾向。

（3）去应力退火

加热至 A_{c1} 以下，（一般为 500～650℃），冷却尽量缓慢，目的是去除残余应力。

二、正火

1. 正火工艺及其目的

工艺：加热（奥氏体化）、保温、空冷。加热通常在 A_{c3} 或 A_{cm} 以上 30～50℃。

组织：细珠光体。

目的：细化晶粒，消除内应力，为机械加工提供合适的硬度，也可作为最终热处理（如为受力小、性能要求低的碳钢提供合适的力学性能）。

2. 正火与退火的选用

① 从改善切削加工性能考虑。低碳钢——正火；中碳钢——正火代替退火（成本低）；W_C＝0.5%～0.75%的钢——完全退火；W_C＞0.75%的高碳钢或工具钢——球化退火。

② 从使用性能方面考虑。受力小、性能要求低的工件——正火。

③ 从经济方面考虑。尽量用正火。

三、任务实施

确定钢的预备热处理方法。

任务三　正火实验

一、实验目的

① 了解碳钢整体热处理的工艺特点，初步掌握正火处理的操作方法。
② 分析加热温度、冷却速度对碳钢组织和力学性能的影响。
③ 观察碳钢热处理后的显微组织，并了解其形态特征。

二、实验设备和试样

1. 实验设备

箱式电阻炉、硬度计、金相显微镜、夹钳、水槽、油槽、砂纸等。

2. 试样

20、45、T10、T13等。

三、实验内容

将钢加热到 A_{c1}（共析钢和过共析钢）或 A_{c3} 以上某一温度，保温一定时间，然后以小于临界冷却速度的速度冷却下来，使A（奥氏体）转变成细小的珠光体组织。

1. 正火温度的选择

正火温度的选择主要取决于 W_C，对于亚共析钢，其加热温度为 A_{c3}+30～50℃，正火后得到细小的珠光体组织。

各种不同成分的碳钢的临界温度可在热处理手册中查找。45钢的临界温度为730℃，加热可选为780℃；T10的临界温度为730℃，加热可选为780℃。

2. 保温时间的确定

保温时间的确定与钢的成分、工件的形状尺寸、加热介质、加热方法等因素有关，可根据具体情况在有关文献上查得。加热温度在800℃左右，工件形状为圆柱形的可按1分钟/每毫米直径计算。

3. 冷却介质与冷却方法的选择

冷却一般采用风冷，大型零件可采用吹风冷却。

四、实验方法与步骤

全班同学可分四组，各组领取试样后，在老师指导下按规定的工艺进行热处理。正火后，可到力学性能实验室测定洛氏硬度值。

五、热处理安全操作技术

① 正火时，穿好防护用品，以防淬火剂飞溅伤人。
② 操作前应熟悉零件的工艺要求及热处理设备的使用方法，严格按工艺规程操作。
③ 加热设备和冷却设备之间，不得放置任何妨碍操作的物品。
④ 用电热炉加热时，工件进炉、出炉前应先切断电源，以防触电。
⑤ 不得随意触摸热处理工件，以免烫伤。

任务四　钢的最终热处理

一、淬火

退火和正火属预备热处理，其目的是消除上道工序所带来的某些缺陷，为随后的工序做准备。重要零件的制造过程中还有最终热处理，通过最终热处理，获得零件使用时所要求的组织与性能。最终热处理主要为淬火加回火。

1. 淬火工艺及其目的

工艺：加热到 A_{c3}、A_{c1} 以上某一温度保温，快速冷却。

目的：获得马氏体或下贝氏体组织，以便在不同的回火温度下获得不同的性能。

2. 淬火加热温度

亚共析钢——A_{c3} 以上 30～50℃；共析钢、过共析钢——A_{c1} 以上 30～50℃。

3. 淬火冷却介质

淬火冷却时，为得到 M（马氏体），冷速必须大于 M 临界冷速。淬火冷却介质冷却能力越强，工件越易于淬硬，淬硬层越深，但产生的内应力越大，变形或开裂倾向越大。因此，理想的淬火介质冷却曲线如图 7-2 所示。它有助于减少淬火应力，避免变形和开裂。

常见的冷却介质有油、水、盐水、碱水等，其冷却能力依次增强。碳钢一般用水淬，合金钢一般用油淬。盐水和碱水适用于尺寸较大，外形简单，硬度要求较高，而淬火变形要求不高的碳钢零件。

此外还有碱浴、硝盐浴，其冷却能力介于水和油之间。常用于形状复杂、尺寸较小和变形要求小的零件。

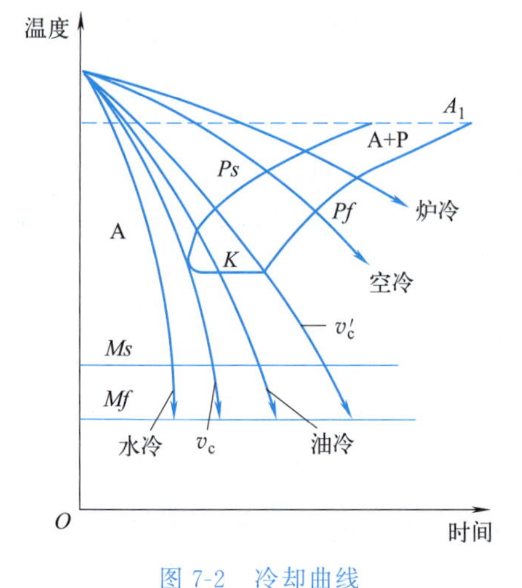

图 7-2　冷却曲线

目前广泛采用的新型淬火剂如水玻璃 - 碱水溶液、过饱和的硝盐水溶液等会在工件表面形成薄膜，使工件冷却均匀，避免了软点，减少了变形与开裂倾向；又具有无毒、无烟、无腐蚀、不燃烧等特点。

4. 常用淬火方法

① 单介质淬火。如水、油。

② 双介质淬火。如先水冷后油冷或先水冷后空冷。

③ 马氏体分级淬火。先盐浴后空冷。

④ 贝氏体等温淬火。先盐浴后空冷。

二、回火

淬火并非独立的热处理工艺。淬火必须和回火配合使用，即淬火后必须回火，零件才能获得所要求的力学性能。

回火是把淬火钢加热到 A_1 以下某一温度，经保温后，缓慢或快速冷却的热处理工艺过程。回火按温度分为低温回火、中温回火、高温回火三种。得到的三种组织如图 7-3 所示。

1. 低温回火

回火温度：150～250℃。

回火后组织：回火马氏体 M′（过饱和 α 固溶体＋ε 碳化物），硬度为 58～64HRC。

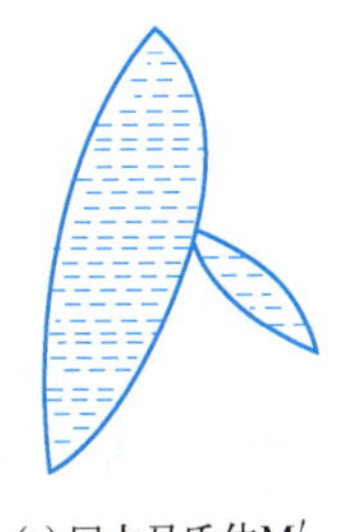

(a) 回火马氏体M′

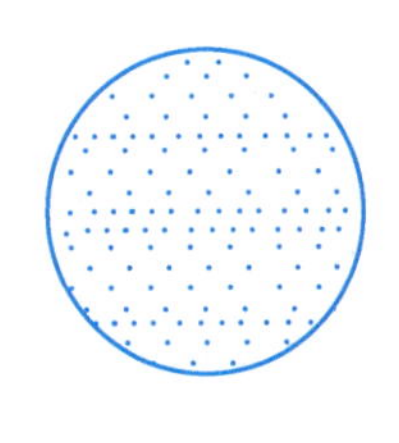

(b) 回火屈氏体T′

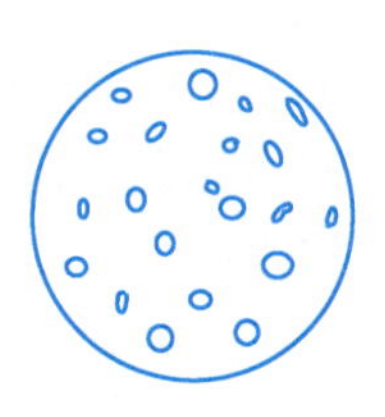

(c) 回火索氏体S′

图 7-3　回火的组织

性能：具有高硬度、高耐磨性。

用途：用于各种高碳的切削刃具、冷冲模具、滚动轴承及渗碳件等。

2. 中温回火

回火温度：350～500℃。

回火后组织：回火托氏体 T′（F＋细粒状 Fe_3C）。

性能：硬度为 40～48HRC，具有高的弹性极限和屈服强度，同时具有高的屈强比和较高的韧性。

用途：用于弹簧。

3. 高温回火

回火温度：500～650℃。

回火后组织：回火索氏体 S′(F＋粗粒状 Fe_3C)。

性能：具有良好的综合力学性能，即强度、硬度较高，塑性、韧性较好，硬度为25～30HRC。

用途：用于轴、齿轮等。

三、表面淬火

表面淬火只对零件表层加热淬火，心部保持原组织不变。

“外硬内韧”性能的获得：调质＋表面淬火＋低温回火。

常用的表面淬火按加热方式分为火焰加热表面淬火和感应加热表面淬火两种。

1. 火焰加热表面淬火

用氧-乙炔火焰进行加热。火焰加热表面淬火的特点是设备简单，但生产率低，零件表面易过热，质量难以控制。适用于大件、单件或小批量生产。如图 7-4 所示。

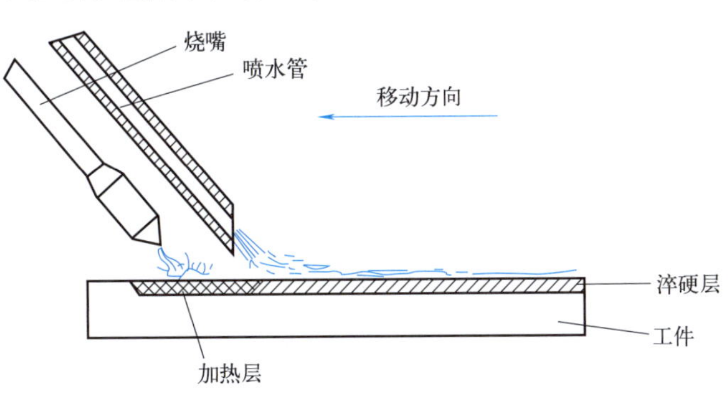

图 7-4　火焰加热表面淬火

2. 感应加热表面淬火

将工件放在一个由铜管制成的感应器内，在感应器中通入一定频率的交流电，感应器周围将产生一个频率相同的交变磁场，于是工件内就会产生同频率的感应电流。这个电流在工件内形成的回路，称为涡流。此涡流能将电能变为热能来加热工件。涡流在工件内分布是不均匀的，表面密度大，心部密度小。通入感应器的电流频率愈高，涡流集中的表层愈薄，这种现象称为集肤效应。集肤效应使工件表面迅速被加热到淬火温度，随后喷水冷却，工件表面被淬硬。如图 7-5 所示。

图 7-6 所示为卧式车床主轴箱三联齿轮，工作时有一定的冲击和摩擦，要求整体具有良好的综合力学性能（200～250HBS），齿面具有较高的硬度（45～50HRC），试选材并确定热处理方法。

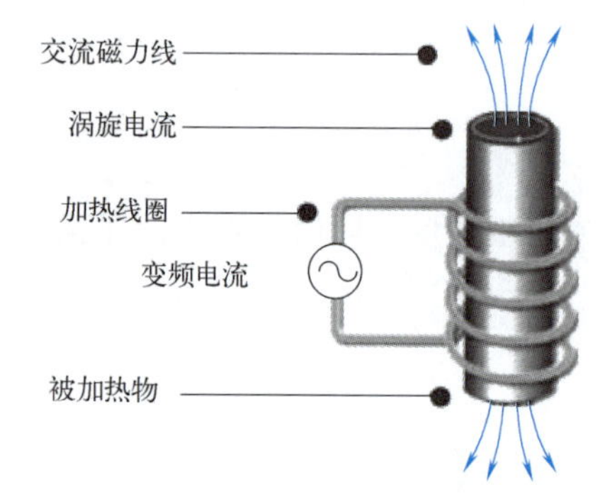

图 7-5　感应加热表面淬火

图 7-6　卧式车床主轴箱三联齿轮

解答如下。

材料：45（40Cr）。

工艺路线：下料→锻造→正火→粗加工→调质→精加工→齿面高频淬火＋低温回火→精磨。

预先热处理：正火。

最终热处理：调质＋表面淬火＋低温回火。

四、渗碳处理

表面淬火只改变了表面层的组织，而未改变表面层的化学成分。而有一种表面热处理改变了表面层的化学成分，这就是化学热处理。

化学热处理是指向工件表层渗入某种元素的热处理工艺。按渗入元素不同，化学热处理分为：渗碳、氮化、碳氮共渗、渗金属等。

渗碳是指向工件表层渗入碳原子的热处理工艺。渗碳后采用淬火＋低温回火的热处理，获得外硬内韧的性能。

常用渗碳方法有气体渗碳和固体渗碳两种，如图 7-7 所示。渗碳过程为：分解→吸收→扩散。

表面硬化原理：表面高碳 0.85％～1.05％，淬火＋低温回火，得到针状回火马氏体＋二次渗碳体，硬度达 58～64HRC。

心部韧化原理：低碳 0.15％～0.25％，组织随钢的淬透性而定。15 钢、20 钢，心部组织为 F＋P，硬度为 10～15HRC；20CrMnTi，低碳 M′＋F，硬度为 35～45HRC，具有较高的强度和足够高的韧性。

性能：表面硬度达58～64HRC，心部仍保存良好的塑性和韧性。

渗碳层厚度：0.5～2mm。

渗碳用钢：低碳（含碳0.15%～0.25%），如20，20Cr，20CrMnTi。

渗碳的应用：用于制作承受冲击的耐磨零件，如齿轮、活塞销等。

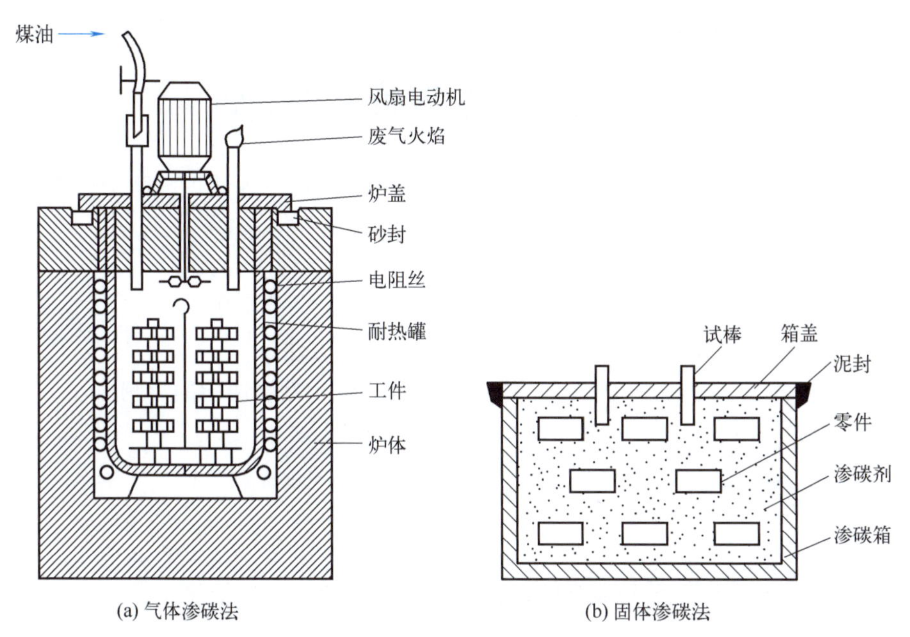

图7-7 渗碳

图7-8为汽车变速箱齿轮，工作时有较大冲击和剧烈摩擦，要求心部具有较高的强韧性（心部强度>1000MPa，冲击吸收功K_U>47J），表面具有较高的硬度（58～64HRC）和耐磨性，试选材并确定热处理方法。

解答如下。

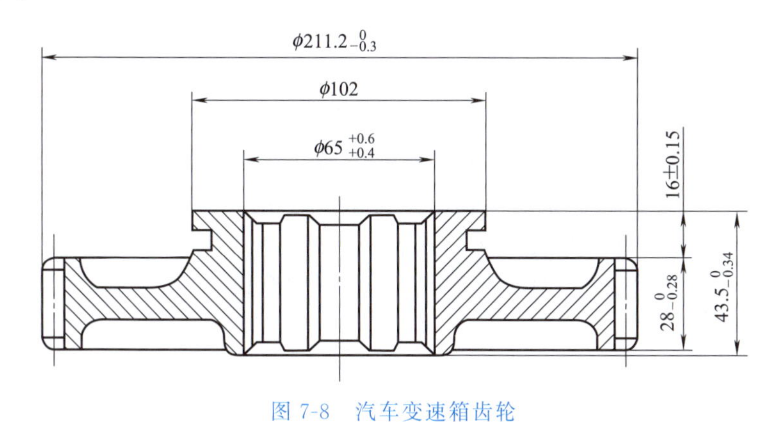

图7-8 汽车变速箱齿轮

材料：20（20CrMnTi）。

工艺路线：下料→模锻→正火→粗加工、半精加工→渗碳+淬火+低温回火→喷丸→矫正花键孔→珩磨。

预先热处理：正火。

最终热处理：渗碳+淬火+低温回火。

20 钢，经渗碳+淬火+低温回火后，具有外硬内韧（表面硬度高则耐磨，心部韧性高则抗冲击）的性能，用于制作承受冲击的耐磨零件，如齿轮、活塞销等。

五、任务实施

进行选材并确定热处理方法。

任务五　调质处理实验

淬火+高温回火为调质处理，简称调质。根据学习的热处理知识，同学们自己制订调质处理工艺，并完成 45 钢的调质处理。

一、实验目的

① 了解碳钢整体热处理的工艺特点，初步掌握操作方法。
② 分析加热温度、冷却速度、回火温度对碳钢组织和力学性能的影响。
③ 观察碳钢热处理后的显微组织，并了解其形态特征。

二、实验设备和试样

1. 实验设备

箱式电阻炉、硬度计、金相显微镜、夹钳、水槽、油槽、砂纸等。

2. 试样

试样为 45 钢。

三、实验内容

淬火时将钢加热到 A_{c1}（共析钢和过共析钢）或 A_{c3} 以上某一温度（可加热到 850℃），保温一定时间，然后以大于临界冷却速度的速度冷却下来，使 A 转变成 M。

高温回火时加热到 600℃，保温一定时间，然后采取风冷，使 A 转变成 S′（回火索氏体）。

1. 淬火温度的选择

淬火温度的选择主要取决于 W_C，对于亚共析钢，其加热温度为 A_{c3}+30～50℃，淬火后得到细小的 M 与粒状 Fe_3C，后者可提高硬度和耐磨性。若加热温度过高，不仅无助于强度和硬度的提高，反而因过多的残余 A 而导致硬度和耐磨性下降。

各种不同成分的碳钢的临界温度可在热处理手册中查找。45 钢的临界温度为 730℃，加热温度可选为 850℃。

2. 保温时间的确定

保温时间的确定与钢的成分、工件的形状尺寸、加热介质、加热方法等因素有关，可根据具体情况在有关文献上查得。加热温度在 800℃左右，工件形状为圆柱形的可按 1 分钟/每毫米直径计算。

3. 冷却介质与冷却方法的选择

冷却是淬火的关键工序，如果冷却时冷却曲线与 C 曲线相交，将使 A 转变为其他组织，使工件力学性能不能满足使用要求；但若冷却过快，会形成较大的内应力，致使工件变形或开裂。冷却时要在获得 M 组织的前提下尽量慢冷，理想的冷却曲线就是按这一要求描绘出来的。目前为止，还没有找到一种十分理想的淬火冷却介质，应用较多的还是单液冷却，碳钢用水，合金钢用油。

四、实验方法与步骤

全班同学可分成两组，各组领取试样后，按规定的工艺进行热处理。然后测定硬度。先淬火，然后进行高温回火处理。

五、热处理安全操作技术

① 淬火时，穿好防护用品，以防淬火剂飞溅伤人。
② 操作前应熟悉零件的工艺要求及热处理设备的使用方法，严格按工艺规程操作。
③ 加热设备和冷却设备之间，不得放置任何妨碍操作的物品。
④ 用电热炉加热时，工件进炉、出炉前应先切断电源，以防触电。
⑤ 经热处理后的工件，不要轻易用手去摸，以防烫伤。

练习题

一、选择题

1. 表面淬火通常用于（　　）。
A. 低碳钢如 20 钢　　B. 中碳钢如 45 钢
C. 高碳钢如 65 钢　　D. 碳素工具钢如 T12
2. 通过表面淬火及合适的预备热处理，能够获得（　　）的性能。
A. 高硬度　　B. 高韧性　　C. 外硬内韧　　D. 高强度
3. 渗碳用钢的含碳量通常为（　　）。
A. 低碳　　B. 中碳　　C. 高碳　　D. 以上都可以
4. 渗碳后采用的接续热处理方法为（　　）。
A. 淬火＋低温回火　　B. 淬火＋中温回火
C. 淬火＋高温回火　　D. 正火
5. 为改善低碳钢的切削加工性能，应采用（　　）热处理。
A. 完全退火　　B. 球化退火　　C. 去应力退火　　D. 正火
6. 过共析钢的淬火加热温度应选择在（　　）。
A. A_{c1} 以下　　B. A_{c1}＋(30～50℃)
C. A_{c3}＋(30～50℃)　　D. A_{cm}＋(30～50℃)
7. T10A 钢锯片淬火后应进行（　　）。
A. 低温回火　　B. 中温回火　　C. 高温回火　　D. 球化退火
8. 合金渗碳钢的最终热处理是（　　）。
A. 淬火＋低温回火　　B. 渗碳＋淬火＋高温回火
C. 淬火＋高温回火　　D. 渗碳＋淬火＋低温回火
9. 感应淬火的淬硬层深度与（　　）有关。
A. 加热时间　　B. 电流频率　　C. 电压　　D. 含碳量
10. 车台阶的车刀主切削刃要垂直于工件的轴线或与工件的轴线约成（　　）角。

A. 90° B. 95° C. 100° D. 75°

二、判断题

1. 热处理不改变钢件外形和尺寸，只改变其组织和性能。(　　)

2. 退火和正火主要用在预备热处理中。(　　)

3. 去应力退火目的是消除工件在铸、锻、焊或切削加工过程中产生的内应力，以稳定尺寸，减少变形，防止开裂。(　　)

4. 热处理加热后的保温，是为了使工件热透和相变完全。(　　)

5. 通常碳钢用油淬，而合金钢用水淬。(　　)

6. 合金钢的淬透性不如碳钢。(　　)

7. 要求具有高硬度、高耐磨性的高碳切削刃具，应采用高温回火。(　　)

8. 感应加热表面淬火利用了交变电流的集肤效应。(　　)

9. 通过渗碳及接续热处理，轴类零件可获得外韧内硬的性能。(　　)

10. 车台阶的实质是车外圆与车端面的组合加工。(　　)

项目八

槽形工件的车削

学做目标：

1. 理解工序、工步、走刀、安装和工位的概念；
2. 掌握机械加工工艺规程的制订；
3. 掌握切槽与切断的基本技能；
4. 掌握切削液的作用；
5. 能制订轴类、套类零件的机械加工工艺规程；
6. 掌握行业标准与规范的查阅与使用；
7. 能查阅有关资料和自我学习，并能灵活运用理论知识解决实际问题；
8. 能具有良好的思想道德素质和健康的心理，能够承受较强的工作负荷及工作、生活中的各种压力；
9. 能具有职业健康、环保、安全、创新、创业意识和团队协作、独立工作、应对突发事件等能力。

机械加工任务：

车削槽形工件，如图 8-1 所示。

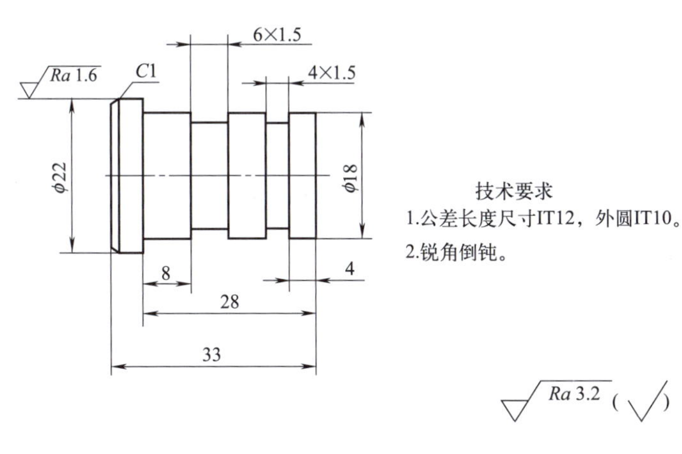

图 8-1 槽形工件

任务一　切槽与切断

切断

一、切断刀

切断刀是一种刀头既窄又长，刀杆和车刀完全一样的刀具。切削时，切断刀只做横向进给，刀头的宽度等于切口的宽度。刀头的前方是主切削刃，两侧是副切削刃，起修整作用，可避免夹刀。切断刀排屑条件不好，刀头强度低，装夹后悬伸较长，刚性较低，容易产生振动，刀头容易折断。

1. 切断刀分类

常用切断刀分为高速钢切断刀和硬质合金切断刀两类。两类切断刀的基本几何角度的名称和作用相同，只是出于材料不同，结构上各有特点。

常用切断刀结构形状及几何角度如图 8-2 所示。

2. 切断刀刃磨

切断刀刃磨前，应先把刀杆底面磨平。在刃磨时，先磨两个副后面，保证获得完全对称的两侧副偏角、两侧副后角及合理的主切削刃宽度。其次磨主后面，获得主后角，必须保证主切削刃平直。最后磨前刀面上的前角和卷屑槽。为了保护刀尖，可在两边尖角处各磨出一个小圆弧过渡刃。

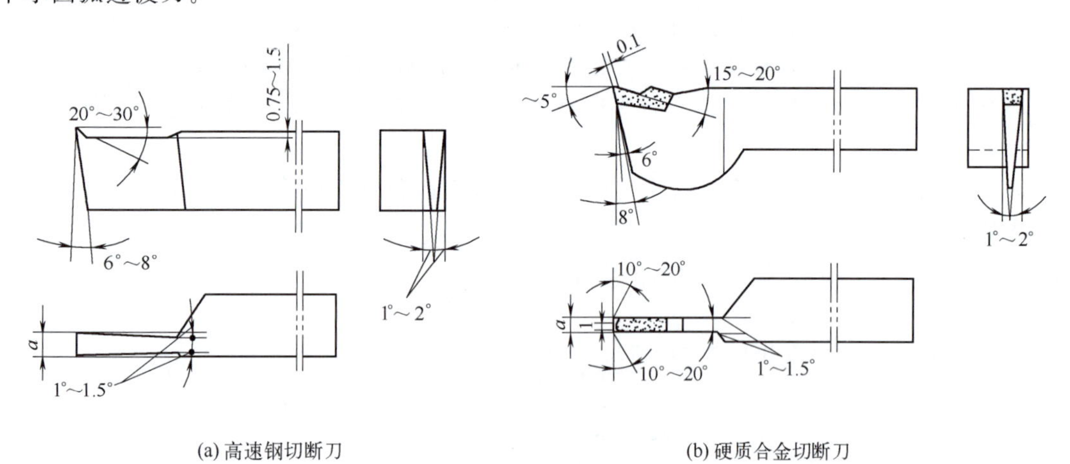

(a) 高速钢切断刀　　(b) 硬质合金切断刀

图 8-2　切断刀

3. 切断刀的装夹

① 安装时，切断刀不宜悬伸太长，同时使切断刀的中心线和工件的轴线垂直以保证切断刀两侧副偏角对称。

② 切断实心工件时，切断刀的主切削刃必须严格对准工件的中心，否则容易崩刃，甚至折断车刀。

③ 切断刀底平面应平整，以保证两个副后角对称。

二、切断和车沟槽的方法

1. 切削用量的选择

切断刀的强度、刚度都较差，切削条件不好，排屑困难。如果刃磨和装夹不正确，容易使切断刀折断。因此，切断刀装夹以后要经过手动试切，初学者不宜机动进给。切断时的切削用量选择见表 8-1。

表 8-1　切断时的切削用量

工件材料	切削用量				
	进给量 mm/r		切削速度 m/min		背吃刀量/mm
	高速钢	硬质合金	高速钢	硬质合金	高速钢及硬质合金
钢件	0.05～0.1	0.1～0.3	30～40	80～120	切削刃的宽度
铸件	0.1～0.2	0.15～0.25	15～25	60～100	

2. 车削的一般步骤及方法

① 切断。切断刀装夹以后要经过手动试切，确认能正常切削以后（切下一个工件），才可以自动切削。切断一般都采用手动切断，如果工件直径较小，可直接切断，如果直径较大，用分段切削法切断。切断时应浇注乳化液进行冷却。

② 沟槽的切削方法。窄沟槽可选用切槽刀宽度与沟槽宽度相等，并一次车出。宽沟槽则用切槽刀多次粗车成形，留有余量，最后一刀精车至尺寸。

3. 切断时的注意事项

① 用手动切断时，手动进给要均匀，进给量既不要过大，也不要过小。进给量过大，容易使切断刀折断；进给量过小甚至停止，容易使工件产生冷硬现象，加快刀具磨损。在用切断刀即将切断工件时，要放慢进给速度。操作过程中，要注意观察，一有异常情况，应迅速退出车刀。

② 如果被切断坯料的表面凹凸不平，最好先把外圆车一刀再切断。

③ 切断部位尽可能靠近卡盘，这样可以增加工件的刚性。

④ 不易切断的工件，可采用分段切断，即加大槽宽法。

⑤ 切断由一夹一顶装夹的工件时，工件不能完全切断，应卸下工件后敲断。

⑥ 切断时不能用双顶尖装夹工件，否则切断后工件会飞出造成事故。

三、任务实施

1. 准备工作

① 看图样，如图 8-1 所示。车削内容包括台阶、两条外沟槽、倒角和切断，并检测工件毛坯尺寸，毛坯为 $\phi 25$ 圆钢。

② 刀具为 45°、90°车刀及 4 mm 宽高速钢切断刀，安装好车刀，并装夹好工件。

③ 根据所需的转速和进给量调节好车床上手柄的位置，切断刀采用低速，手动进给加切削液的方式车削。

2. 操作步骤

开车→车台阶→车沟槽→切断→调头装夹→车端面。

3. 注意事项

① 切断刀的安装直接影响切削效果与是否顺利，一定要按规定要求安装；

② 切断、车槽时切削力较大，工件装夹要牢固，并要防止夹坏工件表面，并要加切削液冷却（如选择硬质合金切断刀可不用）；

③ 车槽时，主切削刃要与工件表面平行，以利于槽底的加工；

④ 快切断时，进给要小心仔细，以免刀头损坏或发生意外，刀有异常叫声，可停机分

析产生的原因，解决后再车削。

4. 考核评价

槽形件加工评分标准见表 8-2。

表 8-2　槽形件加工评分标准

序号	考核项目及要求		评分标准	配分	互检	质检	评分
1	尺寸精度	$\phi 22$	超差扣 10 分	15			
2		$\phi 18$	超差扣 5 分	15			
3		33	超差扣 5 分	5			
4		28	超差不得分	5			
5		4、8	超差不得分	5			
6		6×1.5、4×1.5	超差扣 5 分	20			
7	倒角	$C1$	超差不得分	5			
8	表面粗糙度	$Ra \leqslant 1.6\mu m$（两处）	超差扣 5 分	10			
9	管理	安全文明及现场管理	违反一次扣 5 分	20			
合计				100			
姓名	学号	班级	分数				

任务二　机械加工工艺制订

机械加工工艺

一、机械加工工艺过程与工艺规程

1. 机械的生产过程和工艺规程

（1）生产过程

生产过程是指产品由原材料到成品之间的各个相互联系的劳动过程的总和。它不仅包括毛坯制造、零件加工、装配调试、检验出厂，而且还包括生产准备阶段中的生产计划编制、工艺文件制订、刀夹量具准备，生产辅助阶段中原料与半成品运输和保管，设备维修和保养、刀具刃磨、生产统计与核算等等。

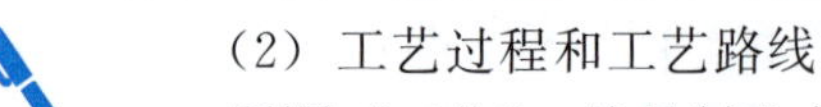

（2）工艺过程和工艺路线

所谓“工艺”，就是制造产品的方法。工艺过程是生产过程的主要组成部分。

生产过程中，按一定顺序逐渐改变生产对象的形状、尺寸、相对位置和性质，使其成为成品或半成品的过程，称为工艺过程。零件依次通过的全部加工过程称为工艺路线或工艺流程，它表明先做什么后做什么的工作顺序。

（3）机械加工工艺过程

机械加工工艺过程是采用机械加工方法，直接改变毛坯形状、尺寸、相对位置和性质等，使其转变为成品的过程，其主要作用是概略地说明了机械加工的工艺路线。

2. 机械加工工艺过程的组成

（1）工序

一个或一组工人在一个工作地点或一台机床上，对同一个或几个工件进行加工所连续完成的那部分工艺过程，称为工序。直白地说，要完成某个工艺过程，要分成几步做，每个步骤就是一道工序。

划分依据：工作地点（或机床）是否变动和加工是否连续。

（2）工步

在加工表面不变，加工刀具不变，切削速度和进给量不变的情况下所完成的那部分工序叫工步。

划分依据：上述三个因素中任一改变，即为不同工步。

（3）走刀

同一工步中，若加工余量大，需用同一刀具，在相同转速和进给量下，对同一加工而进行多次切削，则每切削一次，就是一次走刀。

（4）安装

零件在机床或夹具中定位、夹紧的过程叫安装。加工中要尽量减少安装次数，以减少安装误差和节省辅助时间。

（5）工位

工件在机床上所占据的每一个位置称为工位。

以车床传动轴为例来说明加工工艺过程方案，如图 8-3 所示，加工工艺过程方案见表 8-3。

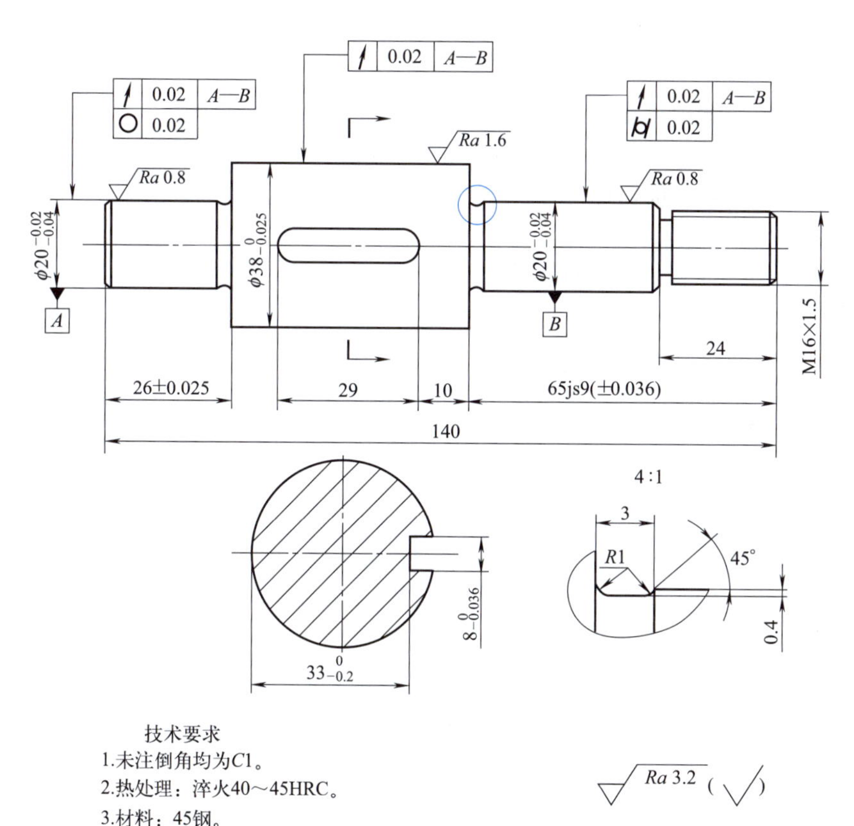

图 8-3　车床传动轴

表 8-3　传动轴的加工工艺过程方案

工序号	工序内容	定位基准
工序 1	锻造毛坯	
工序 2	正火	

续表

工序号	工序内容	定位基准
工序 3	车端面、钻中心孔	外圆柱面
工序 4	粗车左端各外圆，掉头粗车另一端各外圆	外圆柱和一中心孔
工序 5	调质	
工序 6	半精车左端各外圆、倒角，掉头半精车另一端各外圆，切槽、倒角，车螺纹	外圆柱面和一中心孔
工序 7	粗、精铣键槽	外圆柱面和一端面
工序 8	淬火、回火	
工序 9	修研中心孔	
工序 10	粗磨三外圆	两中心孔
工序 11	精磨三外圆	两中心孔
工序 12	检验	

3. 生产纲领与生产类型

(1) 生产纲领

根据市场需求和本企业的生产能力编制的企业在计划期内应当生产的产品产量和进度计划称为生产纲领。

某产品的年生产纲领可按下式计算：

$$N=Qn(1+a\%)(1+b\%)$$

式中 N——零件的年产量，件/年；

Q——产品的年产量，台/年；

n——每台产品中该零件的数量，件/台；

a——备品的百分率，%；

b——废品的百分率，%。

在零件年生产纲领确定后，可根据具体情况按一定期限分批投产，每批投产的零件数量称为批量。

(2) 生产类型

生产类型是指生产单位（企业、车间、工段、班组、工作地）生产专业化程度的分类。一般分为三种生产类型：单件、小批生产；成批生产；大批、大量生产。

生产类型取决于生产纲领，但也与产品的尺寸和复杂程度有关。各种生产类型与生产纲领的关系见表 8-4。

表 8-4 生产类型与生产纲领的关系（年生产量） 单位：件

生产类型	重型机械	中型机械	小型机械
单件生产	少于 5	少于 20	少于 100
小批生产	5～100	20～200	100～500
中批生产	—	200～500	500～5000
大批生产	—	500～5000	5000～50000
大量生产	—	5000 以上	50000 以上

4. 机械加工工艺规程制订

把产品或零部件制造工艺过程的各项内容用表格的形式写成文件，就是工艺规程。

它是直接指导生产准备、生产计划、生产组织、实际加工及技术检验等的重要技术文件，是进行生产活动的基础资料。

（1）工艺规程的内容

工艺规程的内容为：加工的工艺路线，各工序工步的加工内容，操作方法及要求，所采用的机床和刀夹量具，零件的检验项目及方法，切削用量及工时定额等。

（2）工艺规程的格式

机械加工工艺规程的种类有机械加工工艺过程卡、机械加工工艺卡和机械加工工序卡。它们所包含的内容和具体格式已由 JB/T 9165.2—1998 标准化。

单件、小批生产可采用较简单的机械加工工艺过程卡。它主要说明零件加工的整个工艺路线应如何进行，其中包括每道工序的名称、内容以及所用的机床和工艺装备。

对于大批、大量生产的零件，既要有较详细的机械加工工艺卡，还要有机械加工工序卡。

机械加工工艺过程卡见表 8-5，机械加工工序卡见表 8-6。

表 8-5　机械加工工艺过程卡

××职院	机械加工工艺过程卡		产品型号			零件图号		共　页	
			产品名称			零件名称		第　页	
材料牌号		毛坯种类　毛坯外形尺寸			每毛坯件数		每台件数	备注	
工序号	工序名称	工序内容	车间	工段	设备	工艺装备		工时	
								准终	单件
班级		制定		审核		指导		日期	

表 8-6　机械加工工序卡

<table>
<tr><td>××职院</td><td>机械加工工序卡</td><td>零件号</td><td></td></tr>
<tr><td colspan="2" rowspan="9"></td><td colspan="2">零件名称：</td></tr>
<tr><td>共　　页</td><td>第　　页</td></tr>
<tr><td>工序号</td><td></td></tr>
<tr><td>工序名称</td><td></td></tr>
<tr><td>冷却液</td><td></td></tr>
<tr><td>材料</td><td></td></tr>
<tr><td>设备型号</td><td></td></tr>
<tr><td>设备名称</td><td></td></tr>
</table>

工步号	工步内容	夹具	刀具	量具	被吃刀量	进给量	切速	转速	工步工时	
									机动	辅助

班级		制定		审核		指导		日期	

（3）工艺规程的作用

① 它是指导生产、保证产品质量和提高经济效益的主要技术文件，也是投产前进行生产准备和技术准备的依据。

② 它是组织生产和计划管理的基本依据。生产的组织管理包括材料供应，毛坯制造，工艺装备设计，制造或采购，机床安排，人员组织，生产调度，统计核算等。

③ 它是新建、扩建工厂或车间的基本资料。因为只有依据生产纲领和工艺规程才能确定所需要机床的种类、规格、数量和布置方法，工人的工种、等级和数量，车间的作业面积以及辅助部门的设置等。

（4）机械加工工艺规程的原则

① 所制订的工艺规程要结合本企业的生产实践和生产条件。

② 所制订的工艺规程要保证产品质量并有相当的可靠度，还应力求高效率、低成本。

③ 所制订的工艺规程随着生产实践检验、工艺技术发展和机床设备更新，应不断地修订，使其更加完善和合理。

二、任务实施

进行机械加工工艺规程的制订。

任务三　切削液选择

车削过程中材料的变形、切屑以及工件与刀具间摩擦所消耗的功，绝大部分都转化为热量，称为切削热。切削热是通过切屑（占总热量的80%）、工件（占总热量的15%）、刀具（占总热量的4%）和空气（占总热量的1%）传递扩散的。切削热使刀具、切屑、工件的温度升高。切削温度高，会加剧刀具的磨损，甚至使刀具丧失切削能力，因而限制了生产率的提高。切削热也会使工件膨胀，影响工件的尺寸精度。所以，为了提高切削加工效果，车削过程要使用切削液。

一、切削液的作用

1. 冷却作用

切削液能带走车削区大量的切削热，改善切削条件，起到冷却工件和刀具的作用。

2. 润滑作用

切削液渗入工件表面和刀具后刀面之间、切屑与刀具前刀面之间的微小间隙，减小切屑与前刀面沟和工件与后刀面之间的摩擦力。

3. 清洗作用

具有一定压力和流量的切削液，可把工件和刀具上的细小切屑冲掉，防止拉毛工件，起到清洗作用。

4. 防锈作用

切削液中加入了防锈剂，保护工件、车床、刀具免受腐蚀，起到防锈作用。

二、切削液的种类

切削液按油品化学组成分为非水溶性（油基）液和水溶性（水基）液两大类。常用切削液有乳化液和切削油两种。

1. 乳化液

乳化液由乳化油加注15～20倍的水稀释而成。乳化液的特点是比热容大、黏度小、流动性好，可吸收切削热中的大量热量，主要起冷却作用。

2. 切削油

切削油的特点是比热容小、黏度大、流动性差，主要起润滑作用。切削油的成分是矿物油。常用的有32号和46号机械油、煤油、柴油等。

三、切削液的选择原则

切削液主要根据工件材料、刀具材料、加工性质和工艺要求进行合理选择。

① 粗加工时因切削深、进给快、产生热量多，所以应选以冷却为主的乳化液。

② 精加工主要是保证工件的精度、表面粗糙度和延长刀具使用寿命，应选择以润滑为

主的切削油。

③ 使用高速钢车刀应加注切削液，使用硬质合金车刀一般不加注切削液。

④ 车削脆性材料如铸铁，一般不加切削液，若加只能加注煤油。

⑤ 车削镁合金时，为防止燃烧起火，不加切削液；若必须冷却时，应用压缩空气进行冷却。

四、任务实施

进行切削液的选择。

练习题

一、选择题

1. 所谓“工艺”，就是（　　）的方法。

A. 组织生产　　B. 制造产品　　C. 生产过程

2. 机械加工工艺过程是由一个或若干个顺序排列的工序组成的，而每一个工序又可分为（　　）。

A. 安装、工位和走刀　　B. 安装、工位、工步和走刀

C. 安装、工位和工步

3. 精加工时，切削液主要起（　　）作用。

A. 冷却　　B. 润滑　　C. 清洗　　D. 防锈

4. 用高速钢车刀精加工工件时，应选用以（　　）为主的切削液。

A. 冷却　　B. 润滑　　C. 清洗　　D. 防锈

5. 车削铸铁材料等脆性材料一般（　　）。

A. 不加切削液　　B. 选用乳化液　　C. 用压缩空气

6. 一带有键槽的传动轴，使用45钢并淬火处理，外圆表面粗糙度要求达0.8mm，其加工工艺可为（　　）。

A. 粗车→铣→磨→热处理　　B. 粗车→精车→铣→热处理→粗磨→精磨

C. 车→热处理→磨→铣　　D. 车→磨→铣→热处理

7. 切断时，防止产生振动的措施是（　　）。

A. 适当增大前角　B. 减小前角　　C. 增加刀头宽度　D. 减小进给量

8. 在加工表面、刀具和切削用量中的切削速度和进给量都不变的情况下，完成的那部分工序叫（　　）。

A. 工步　　B. 工序　　C. 工位　　D. 走刀

9. 提高劳动生产率的措施必须以保证产品（　　）为前提，以提高经济效益为中心。

A. 数量　　B. 质量　　C. 经济效益　　D. 美观

10. 切断空心工件、管料时，切断刀主刀刃应（　　）工件的回转中心。

A. 稍低于　　B. 略高于　　C. 等于

11. 热处理工序在工艺路线中的安排主要取决于零件的材料和热处理的（　　）。

A. 目的及要求　　B. 方法　　C. 要求　　D. 温度

12. 为以后的工序提供定位基准的阶段是（　　）。

A. 粗加工阶段　　B. 半精加工阶段　　C. 精加工阶段　　D. 三阶段均可

13. 退刀槽和越程槽的尺寸可标注为（　　）。

A. 槽深×直径　　B. 槽宽×槽深　　C. 槽深×槽宽　　D. 直径×槽深

14. 切断刀的副后角应选（　　）。

A. $6^\circ \sim 8^\circ$　　B. $1^\circ \sim 2^\circ$　　C. 12°　　D. 5°

15. 如不用切削液，切削热的（　　）将传入工件。

A. 50%～80%　　B. 40%～10%　　C. 9%～3%　　D. 1%

二、判断题

1. 制订的工艺规程要结合本企业的生产实践和生产条件。（　　）

2. 轴类零件精加工时，用两个中心孔作为定位基准，既符合基准重合原则，又符合基准统一原则，可保证传动轴较高的位置精度要求。（　　）

3. 零件加工要经过切削加工、热处理和辅助工序等过程。拟定工艺路线时要将三者一起考虑。（　　）

4. 为了保护刀尖，可在两边尖角处各磨出一个小圆弧过渡刃。（　　）

5. 根据技术要求，确定加工方法，同时兼顾生产类型、零件结构和尺寸、现有设备、材质、毛坯等综合考虑。（　　）

6. 切断时不能用双顶尖装夹工件，否则切断后工件会飞出造成事故。（　　）

7. 机械加工工艺规程的种类有机械加工工艺过程卡、工艺卡和工序卡。（　　）

8. 切断时的切削速度是不变的。（　　）

项目九

转轴的加工

学做目标：

1. 了解轴类零件的结构特点及作用；
2. 掌握车床附件、工件的安装及使用；
3. 能独立加工转轴零件，并保证相关技术要求；
4. 能制订转轴的机械加工工艺规程；
5. 掌握行业标准与规范的查阅与使用；
6. 能查阅有关资料和自我学习，并能灵活运用理论知识解决实际问题；
7. 能具有良好的思想道德素质和健康的心理，能够承受较强的工作负荷及工作、生活中的各种压力；
8. 能具有职业健康、环保、安全、创新、创业意识和团队协作、独立工作、应对突发事件等能力。

转轴的加工（一）

转轴的加工（二）

机械加工任务：

1. 独立加工；
2. 分析、制订、填写工艺文件；
3. 工时为 1 学时。

任务一　加 工 转 轴

一、图样分析

零件（图 9-1）材料为 45 钢，毛坯尺寸为 $\phi36\times112$mm。先粗车各外圆尺寸，留有 1～2mm 的精车余量，台阶长度留有 0.5mm 精车余量。因加工精度不高，在选择车刀和切削用量时，应着重考虑生产率因素。粗加工可采用一夹一顶装夹，也可采用三爪卡盘装夹，以承受较大的进给力；精加工可采用两顶尖装夹，以保证同轴度要求。粗车外圆时可选择 45° 或 90°硬质合金车刀，精车时可选用 90°硬质合金车刀，车端面选用 45°车刀，切槽刀可磨成 4mm 刀宽。

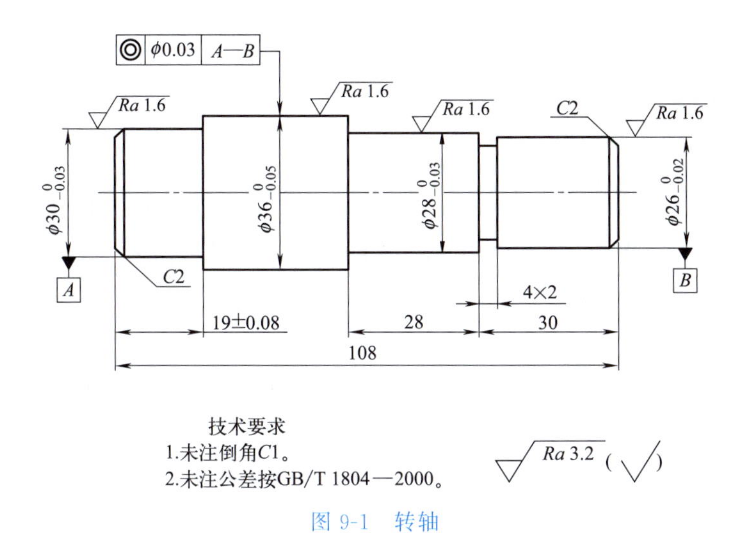

图 9-1　转轴

二、加工准备

1. 毛坯

材料为 45 钢，毛坯尺寸为 φ40×112mm 的圆钢。

2. 设备

CA6140A 车床。

3. 工艺装备

三爪卡盘、前后顶尖、鸡心夹头、90°硬质合金车刀、45°硬质合金车刀、切槽刀、高速钢精车刀。

4. 量具

游标卡尺、千分尺、百分表等。

三、工艺路线拟定

1. 加工方案

圆钢下料→正火→车两端面、钻中心孔→粗车左端各外圆、掉头粗车另一端各外圆→调质→精车左端各外圆→倒角→掉头精车另一端各外圆→倒角→车槽→检验。

2. 工艺过程拟定

转轴的加工工艺过程见表 9-1。

表 9-1　转轴的加工工艺过程

工序号	工序内容	定位基准
工序 1	下料	
工序 2	正火	
工序 3	车端面、钻中心孔	外圆柱面
工序 4	粗车左端各外圆，掉头粗车另一端各外圆	外圆柱和一中心孔
工序 5	调质	
工序 6	精车左端各外圆、倒角，掉头精车另一端各外圆，切槽、倒角	外圆柱面和一中心孔
工序 7	检验	

四、填写工艺文件

转轴机械加工工艺过程卡见表 9-2。

表 9-2 转轴机械加工工艺过程卡

<table>
<tr><td colspan="2" rowspan="2">××职院</td><td rowspan="2">机械加工工艺
过程卡</td><td colspan="2">产品型号</td><td></td><td colspan="2">零件图号</td><td></td><td colspan="2">共 页</td></tr>
<tr><td colspan="2">产品名称</td><td></td><td colspan="2">零件名称</td><td></td><td colspan="2">第 页</td></tr>
<tr><td>材料
牌号</td><td></td><td>毛坯种类 毛坯
外形尺寸</td><td colspan="2"></td><td>每毛坯
件数</td><td></td><td>每台
件数</td><td></td><td>备注</td><td></td></tr>
<tr><td rowspan="2">工序号</td><td rowspan="2">工序
名称</td><td rowspan="2">工序内容</td><td rowspan="2">车间</td><td rowspan="2">工段</td><td rowspan="2">设备</td><td colspan="3" rowspan="2">工艺装备</td><td colspan="2">工时</td></tr>
<tr><td>准终</td><td>单件</td></tr>
<tr><td></td><td></td><td></td><td></td><td></td><td></td><td colspan="3"></td><td></td><td></td></tr>
<tr><td></td><td></td><td></td><td></td><td></td><td></td><td colspan="3"></td><td></td><td></td></tr>
<tr><td></td><td></td><td></td><td></td><td></td><td></td><td colspan="3"></td><td></td><td></td></tr>
<tr><td></td><td></td><td></td><td></td><td></td><td></td><td colspan="3"></td><td></td><td></td></tr>
<tr><td></td><td></td><td></td><td></td><td></td><td></td><td colspan="3"></td><td></td><td></td></tr>
<tr><td></td><td></td><td></td><td></td><td></td><td></td><td colspan="3"></td><td></td><td></td></tr>
<tr><td></td><td></td><td></td><td></td><td></td><td></td><td colspan="3"></td><td></td><td></td></tr>
<tr><td></td><td></td><td></td><td></td><td></td><td></td><td colspan="3"></td><td></td><td></td></tr>
<tr><td></td><td></td><td></td><td></td><td></td><td></td><td colspan="3"></td><td></td><td></td></tr>
<tr><td>班级</td><td></td><td>制定</td><td></td><td>审核</td><td></td><td>指导</td><td colspan="2"></td><td>日期</td><td></td></tr>
</table>

五、任务实施

1. 组织方式

五位同学一组或独立制订合理的工艺过程。

2. 加工转轴

按照图纸的技术要求，使用车床设备及装备等独立加工转轴。

3. 车间管理

按车间 6S 要求做好各项工作，教师现场巡视和安全检查。

4. 注意事项

① 严格遵守安全操作规程；

② 注意安全，防止弯尾鸡心夹头钩衣伤人；

③ 鸡心夹头必须牢靠地夹住工件，以防车削时移动、打滑，损坏刀具。

5. 任务评价

转轴加工完成后，按“转轴加工考核评分标准”评定，见表 9-3。

① 由 2 名质检员进行质量检验，并给出工件工资（1000 元为最高工资）。

② 交件后，再由老师进行质量检验并给出工件工资，（互检＋终检）/2，为该名学生工件工资，再除以 10 为该名学生转轴成绩。

表 9-3 转轴加工考核评分标准

序号	考核项目	考核内容及要求	配分	评分标准	成绩	
					互检	终检
1	尺寸精度	$\phi 36$	10	超差扣 5 分		
2		$\phi 30$	10	超差扣 5 分		
3		$\phi 28$	10	超差扣 5 分		
4		$\phi 26$	10	超差扣 5 分		
5		30、28、19、108	5	超差一处扣 1 分		
6	形位公差	圆度	10			
7	表面粗糙度	$Ra \leqslant 1.6\mu m$	4	每降一级扣 2 分		
8		$Ra \leqslant 3.2\mu m$(3 处)	6	每降一级扣 1 分		
9	倒角	C1、C2(4 处)	5	超差一处扣 1 分		
10	保养与维护	正确、规范使用设备,合理维护、保养设备、工具、量具等	10	不符合要求,酌情扣分		
11	安全操作文明生产	操作姿势、动作规范	5	不符合要求,酌情扣分		
12		符合安全操作规程	10	不符合要求,酌情扣分		
13	时间定额	45 分钟	5	超过 15 分钟扣 5 分		
合计			100			
姓名: 班级: 学号: 总分:						

任务二 铸　　造

铸造是一种液态成型法，即将液态金属直接注入铸型并在其中凝固和冷却而得到铸件的方法。铸造与其他加工工艺方法相比较，其优点是可以铸出各种大小规格或形状复杂的铸件，成本低，材料来源广。主要缺点是铸件的力学性能及精度较差，使铸造在生产中受到一定的限制。铸造是机械制造中生产零件或毛坯的主要方法之一。图 9-2 所示为铸件。

(a) 马踏飞燕

(b) 不锈钢精密铸件

(c) 兵马俑黄金铸件

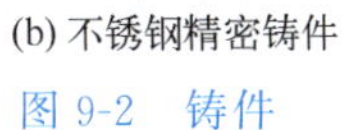

图 9-2 铸件

一、砂型铸造

砂型铸造是指用型砂紧实成型的铸造方法，是传统的、应用最广泛的铸造方法。

砂型铸造的主要工序：制造模样和芯盒，制备型砂和芯砂，造型和造芯，合型，熔化金属及浇注，铸件凝固后开型落砂、表面清理及质量检验等。砂型铸造工艺流程如图 9-3 所示。

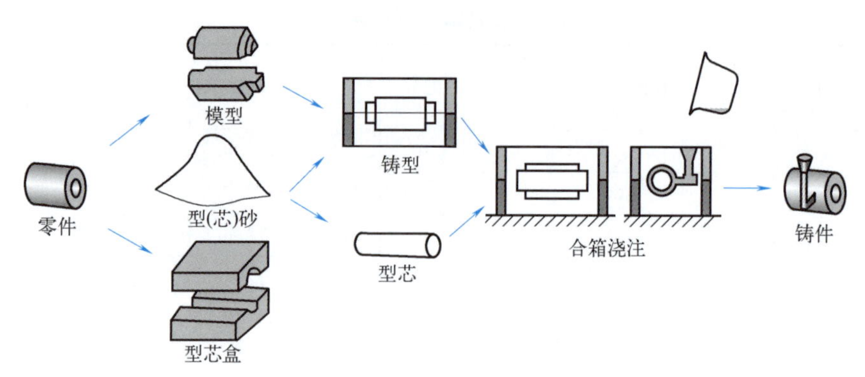

图 9-3　砂型铸造工艺流程

二、特种铸造

除普通砂型铸造以外的其他铸造方法统称为特种铸造。特种铸造的方法很多，而且各种新方法还在不断出现。下面列举几种常用的特种铸造方法。

1. 金属型铸造

金属型铸造如图 9-4 所示，它是将液态金属注入用金属制成的铸型中，以获得铸件的方法。

特点及应用：一型多铸，铸件精度高，力学性能好，但成本高，不适合单件小批量生产。在有色合金铸件的大批量生产中应用较广泛，如铝活塞、气缸体、油泵壳体、铜合金轴瓦、轴套等。

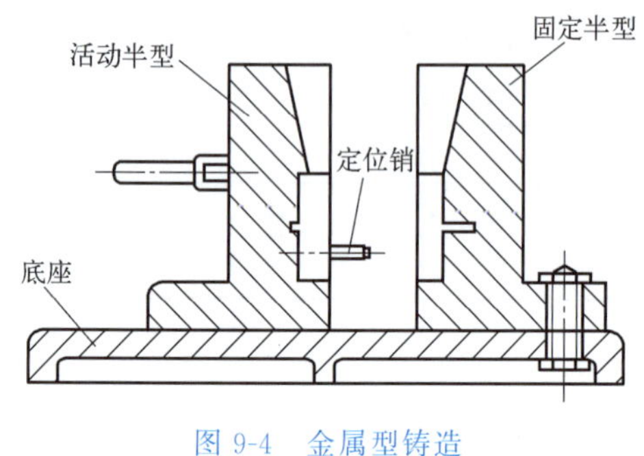

图 9-4　金属型铸造

2. 压力铸造

将熔融的金属在高压下，快速压入金属铸型的型腔中，并在压力下凝固，以得到铸件的铸造方法。

特点及应用：高速高压，生产效率高，易实现自动化。但设备投资大，不适合高熔点合金的生产。多用于非铁合金（如铝、铜、镁等）精密铸件的批量生产。

3. 熔模铸造

将蜡料制成模样，在上面涂以若干层耐火涂料制成型壳，然后加热型壳，使模样熔化、流出，并焙烧成有一定强度的型壳，再经浇注、去壳而得到铸件的一种铸造方法，如图 9-5 所示。

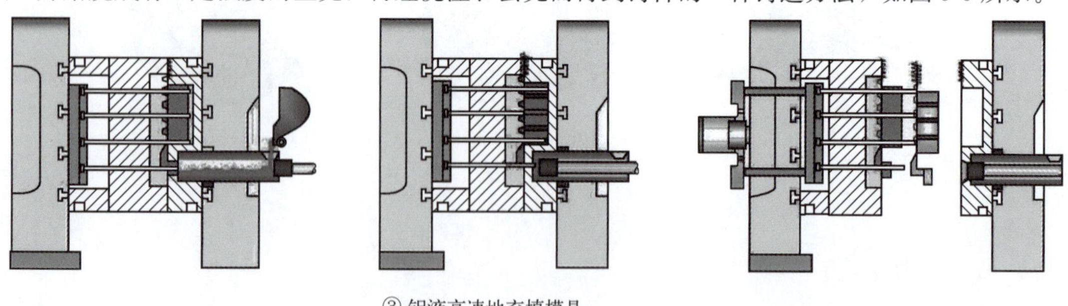

图 9-5　压铸模工作示意图

特点及应用：以熔化模样为起模方式。铸件精度高，是无切削加工的方法之一。其设备简单，生产批量不受限制，主要用于大批、大量生产。其缺点是工艺过程复杂，生产周期长。主要用于形状复杂的小型零件和熔点高、难加工合金铸件的成批生产。

三、任务实施

叙述铸造的工艺流程。

练习题

一、选择题

1. 常用铸铁主要有（　　）。

A. 麻口铸铁、灰铸铁、球墨铸铁、可锻铸铁

B. 白口铸铁、麻口铸铁、球墨铸铁、蠕墨铸铁

C. 大批量生产灰铸铁、球墨铸铁、可锻铸铁、蠕墨铸铁

2. 铸造主要包括（　　）。

A. 砂型铸造、特种铸造、压力铸造等

B. 特种铸造、压力铸造、金属型铸造等

C. 砂型铸造、特种铸造

二、判断题

1. 铸造是一种固态成型法，即将液态金属直接注入铸型并在其中凝固和冷却而得到铸件的方法。铸造与其他加工工艺方法相比较，其优点是可以铸出各种大小规格或形状复杂的铸件；成本低，材料来源广。（　　）

2. 铸造是机械制造中生产零件或毛坯的主要方法之一。（　　）

模块二

工艺锤加工

项目十

车圆锥件

学做目标：

1. 掌握圆锥的参数及计算方法；
2. 掌握圆锥的车削和检测方法；
3. 掌握锻造性能和锻造常见方法；
4. 能采用转动小滑板加工内外锥配合件；
5. 掌握行业标准与规范的查阅与使用；
6. 能查阅有关资料和自我学习，并能灵活运用理论知识解决实际问题；
7. 能具有良好的思想道德素质和健康的心理，能够承受较强的工作负荷及工作、生活中的各种压力；
8. 能具有职业健康、环保、安全、创新、创业意识和团队协作、独立工作、应对突发事件等能力。

机械加工任务：

车圆锥

加工圆锥件，如图 10-1 所示。

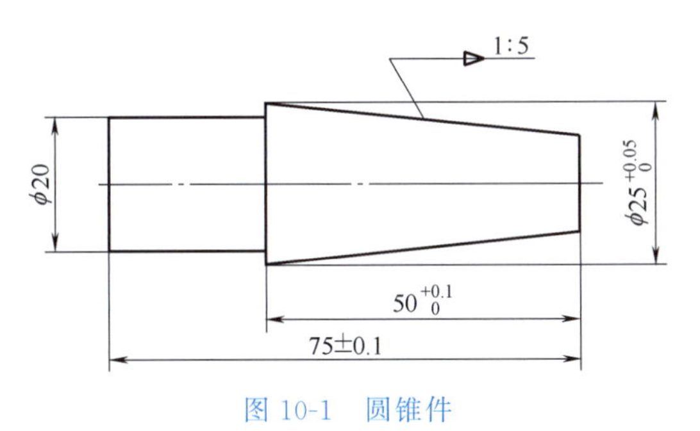

图 10-1　圆锥件

任务一　车　圆　锥

圆锥面在机械中应用广泛，特别是圆锥面的配合同轴度高、拆卸方便。当圆锥面较小时（$\alpha<3^\circ$），能传递很大的扭矩，因此在机器制造中被广泛采用。例如，车床主轴前端锥孔、尾座套筒锥孔、锥度心轴、圆锥定位销等都是采用圆锥面配合，车床尾座锥孔与麻花钻锥柄

的配合也是如此。

在车床上有多种方法可用于车削圆锥面。采用不同方法车削圆锥面，对应加工的零件尺寸范围、结构形式、加工精度、使用性能和批量大小有所不同。无论哪一种方法，都是为了使刀具的运动轨迹与零件轴心线成一斜角，从而加工出所需要的圆锥面零件。

一、圆锥的各部位名称和尺寸计算

圆锥表面是由轴线成一定角度且一端相交于轴线的一条直线段（母线），绕该轴线旋转一周所形成的表面。

（1）圆锥的分类

由圆锥表面和一定轴向尺寸、径向尺寸所限定的几何体，称为圆锥。圆锥又分为外圆锥和内圆锥两种，如图 10-2 所示。

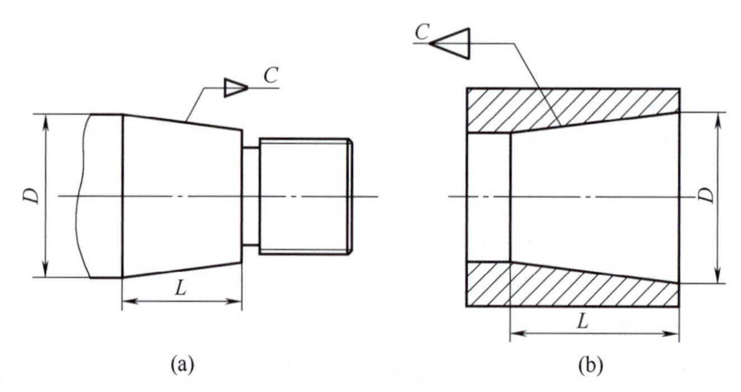

图 10-2　圆锥的分类

（2）圆锥的各部分尺寸计算

圆锥各部分尺寸如图 10-3 所示。圆锥半角与其他三个参数的关系如式（10-1）所示：

$$C=\frac{D-d}{L}\quad 或\quad \tan\frac{\alpha}{2}=\frac{D-d}{2L} \tag{10-1}$$

式中　C——锥度；

D——最大圆锥直径，mm；

d——最小圆锥直径，mm；

α——圆锥半角；

L——圆锥长度，mm。

圆锥半角 $\alpha/2<6°$时，可用近似公式计算：$\alpha/2\approx 28.7°\times C$。

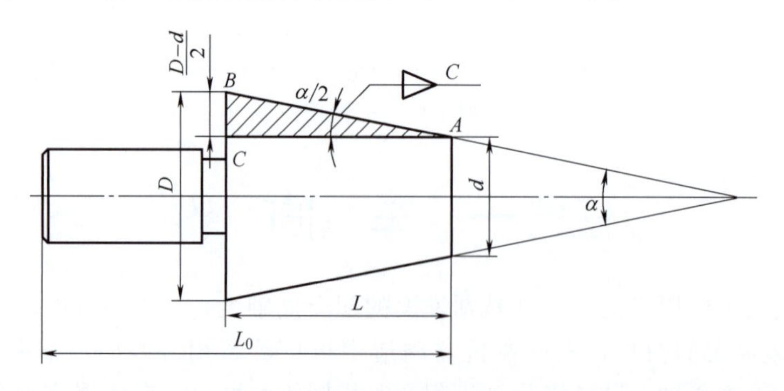

图 10-3　圆锥的各部分尺寸

二、车内、外圆锥体的方法

在车床上车圆锥体常用的四种方法如下。

1. 转动小滑板法

（1）车削方法

转动小滑板一个角度，使这个角度等于被加工锥体的圆锥半角，如图 10-4 所示。这样可以使车刀的刀尖在车锥体的车削过程中，能够沿着被车锥体的母线移动。转动的角度是否正确，要仔细校正。

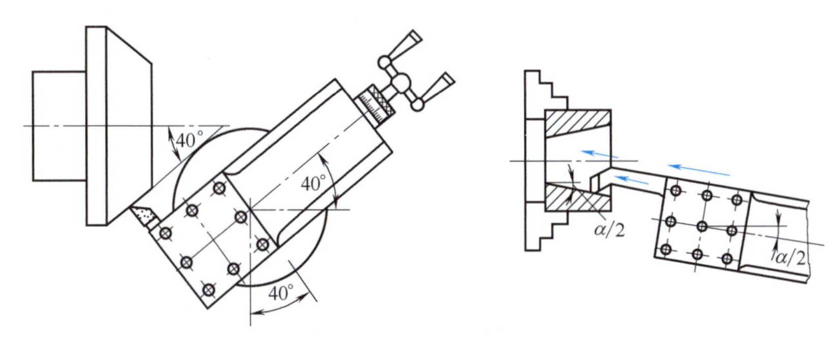

图 10-4　转动小滑板法

（2）转动小滑板法车锥体的优缺点

优点是能车完整锥体和圆锥孔，能车圆锥斜角很大的工件。缺点是小滑板进给，行程受到限制，只能加工短圆锥面；只能用手动进给，表面粗糙度难以控制。

2. 偏移尾座法

将车床的尾座从机床的中心线位置上向一方偏移一个距离来加工锥体的方法。尾座偏移后，装夹在前、后顶尖中间的工件轴线就和车床的中心线不重合了，在两者之间有了一个夹角，这个夹角就是工件的圆锥半角。如图 10-5 所示。

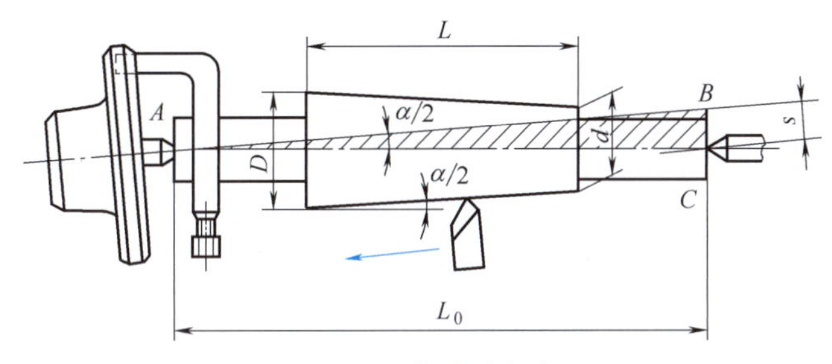

图 10-5　偏移尾座法

（1）偏移量计算

尾座的偏移量不仅和圆锥体的长度有关，而且还和两顶尖之间的距离有关。偏移量计算如式（10-2）所示。

$$s=[(D-d)/2L]L_0 \tag{10-2}$$

式中　s——尾座偏移量，mm；

L_0——工件全长，mm。

（2）偏移操作和偏移量测量

床尾的偏移方向，由工件的锥体方向决定。当工件的小端靠近床尾处，床尾应向里移动，反之，床尾应向外移动。

① 车床尾座上有刻线，可以从刻线上直接读出偏移量；

② 尾座上没有刻线，可以用百分表对偏移量进行测量；

③ 用百分表、检测锥度量棒（或样件）测偏移量。

（3）偏移尾座法车锥体的优缺点

优点：可以实现机动进给、锥体表面质量好；可以车细长锥体。

缺点：不能车圆锥斜角较大的工件、不能车锥孔。

3. 靠模法

靠模法车削圆锥体的前提条件是车床带有靠模附件。所以这种方法应用并不普遍，只有在大批量生产时才采用，如图 10-6 所示。

用靠模法能够车细长的锥体，并能得到比较高的精度。使用靠模法加工时，车刀能同时纵向和横向自动进给，工件和刀具的位置不需要进行任何调整，只调整靠模即可。

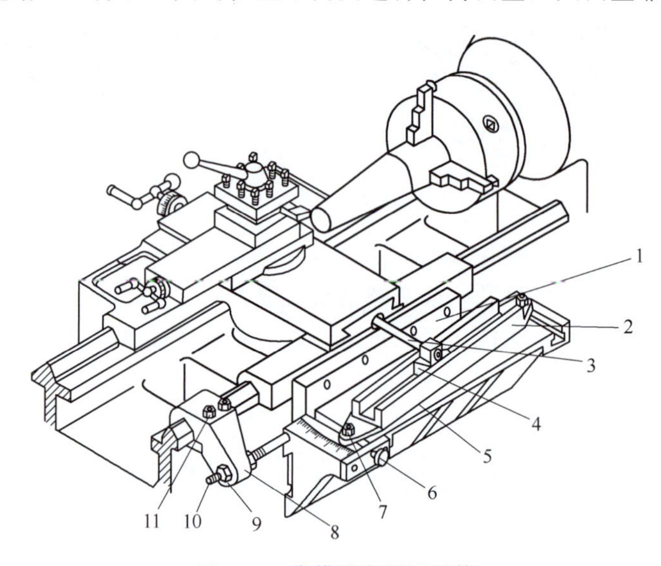

图 10-6　靠模法车削圆锥体

1—底座；2—靠模；3—丝杠；4—滑块；5—靠模体；6,7,11—螺钉；8—定位块；9—螺母；10—拉杆

4. 宽刃刀车削法

所谓宽刃刀车削法是指用宽刃刀直接车出圆锥面。采用宽刃刀车锥体时，切削刃的宽度要大于被加工锥体的长度。应该保证切削刃和工件轴线的夹角等于圆锥斜角。

由于切削刃宽，切削过程中容易产生振动。适宜采用较低的切削速度和较小的进给量进行切削，仅适用于车削短圆锥。

三、圆锥的测量

锥度和斜角的测量方法有多种，选用哪一种测量方法比较适合，应该根据被检测的对象来确定。如果测的是标准圆锥，就只能用标准锥度量规来测量；如果是非标准的，批量小时可用万能角度尺测量，批量大时用样板测量。

1. 用万能角度尺检测

用万能角度尺检测时的测量精度不高，只适用于单件小批量生产。

2. 用样板检测

样板是专门制造用来检测加工精度的测量工具，观察样板和检测面中间的透光程度可判断加工精度。图 10-7 是用样板检测圆锥齿轮在加工轮齿前的毛坯。样板使用方便，测量精度较高，并且精度稳定。测量时要保证样板的正确位置，应该使样板的工作面严格和圆锥母线重合。

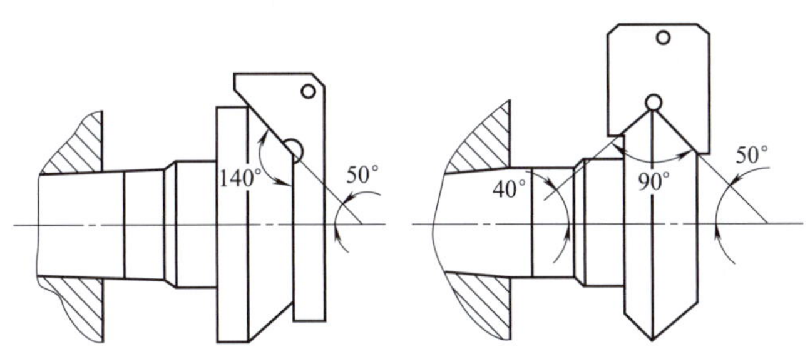

图 10-7 样板检测

3. 用标准锥度量规

当检测工件是标准圆锥时，用标准锥度量规来测量。锥度量规由塞规和套规组成，塞规用来测量锥孔，套规用来测量锥体。图 10-8 是莫氏锥度量规的图形及涂色法。

① 使用塞规检测圆锥孔锥度的方法。先在塞规的工作表面上，沿母线方向均匀涂上三条有颜色的显示剂（间隔 120°涂一条），将涂好色的塞规塞进锥孔中并转动半圈，然后取出，观察显示剂被擦掉的情况。如果显示剂被均匀擦掉，说明在整个锥面上都接触良好，圆锥孔的锥度是正确的。如果大端的显示剂被擦掉，而小端的没有被擦抹，说明圆锥度大了；相反，说明圆锥斜角小了。如果显示剂只在中间部位被擦去，说明圆锥母线不是直线。

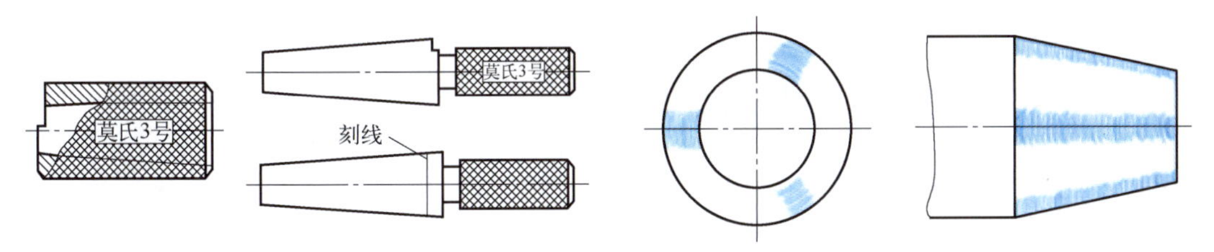

图 10-8 莫氏锥度量规

② 使用套规检测圆锥体锥度的方法。具体的操作方法、观察结果、分析方法与利用塞规检测锥孔的方法相同，不同的只是将显示剂涂在工件上较为方便。

四、任务实施

1. 图样分析

根据图样（图 10-1）可知，工件属于较典型的外圆锥工件，采用转动小滑板方法车削。

2. 加工准备

① 看图样，了解加工内容，并检测工件加工余量。

② 车刀包括 45°、90°硬质合金车刀和切断刀。

③ 选择好切削用量，根据所需的转速和进给量调节好车床上手柄的位置。

④ 材料 45 钢，毛坯 ϕ30×80mm 的圆棒。

⑤ 设备、工量具准备。CA6140A 车床；0～25mm 千分尺、150mm 游标卡尺、万能角

度尺或角度样板。

3. 加工步骤

① 取 $\phi30\times80$mm 棒料，用三爪自定心卡盘夹住，留长 60mm 左右。车好端面车去余量约 2mm。

② 粗车 $\phi25$，留余量 2mm。

③ 调头夹住另一端，留长 30mm 左右，车端面，控制长度尺寸 75mm。

④ 车 $\phi20$ 到尺寸，保证长度 50mm。

⑤ 调头夹住另一端，留长 60mm 左右，车 $\phi25$ 到尺寸。

⑥ 用转动小滑板法加工锥度，并检验。

4. 考核评价

圆锥件考核评分见表 10-1。

表 10-1 圆锥件加工考核评分标准

序号	考核项目及要求		评分标准	配分	互检	质检	评分
1	尺寸	$\phi25$	超差扣 10 分	20			
2		$\phi20$	超差扣 2 分	15			
3		75	超差扣 2 分	5			
		50	超差不得分	5			
4	锥度	1∶5	超差扣 10 分	25			
5	管理	安全文明及现场管理	违反一次扣 5 分	30			
合计				100			
姓名		学号	班级		分数		

任务二　锻　　造

锻压是生产重要零件或毛坯的主要方法，是利用金属的塑性，使其改变形状、尺寸，并改善性能，以获得型材、棒材、轧材、线材或零件毛坯的加工方法，是锻造和冲压的总称，用于机械零件的制造及工件或毛坯的成形加工。

一、锻件的特点与应用

1. 优点

金属锻造不仅能获得所需的产品形状、尺寸，还能改善金属内部组织，提高金属的力学性能，因此，受力复杂或重要的零件宜用锻压件。

2. 缺点

锻件不适合形状过于复杂的毛坯，尺寸精度和表面质量不够高，加工设备比较昂贵，一般锻件的成本比铸件高。

3. 应用

受力复杂的重要零件，如轴、连杆、齿轮、高压法兰等，如图 10-9 所示。

二、金属的可锻性

材料在锻造过程中经受塑性变形而不开裂的能力称为可锻性。可锻性用塑性和变形抗力

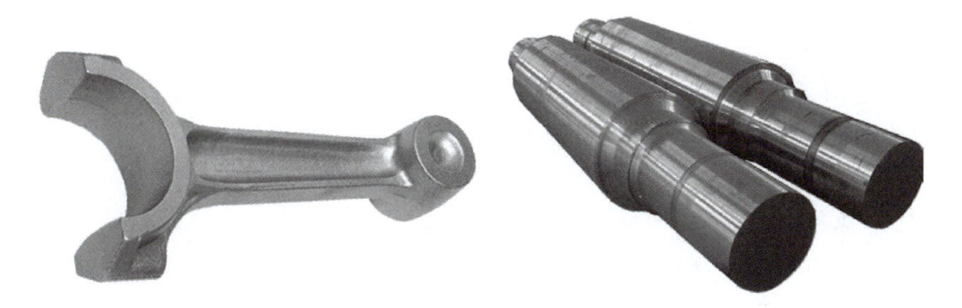

图 10-9　连杆、轴

来综合衡量。

可锻性影响因素主要有以下几个方面。

1. 内在因素的影响

成分：纯金属比合金的可锻性好；低碳钢与低合金钢可锻性好。

组织：固溶体组织、细晶粒组织可锻性好；含金属化合物、晶粒粗大时，可锻性差。

2. 外部加工条件的影响

有温度、速度、应力类型等。金属的变形温度升高，可锻性好；采用高速锤锻造、爆炸成形时可锻性好；当被加工件处于三向受压状态时，也表现出良好的可锻性。

三、锻造方法

锻造是在加压设备及工（模）具的作用下，使坯料、铸锭产生局部或全部的塑性变形，以获得一定几何尺寸、形状和质量的锻件加工方法。

1. 锻造的加热与冷却

（1）锻造温度范围

锻造温度范围是指锻件由始锻温度至终锻温度的间隔，如图 10-10 所示。

始锻温度：固相线以下 200℃左右。

终锻温度：一般为 A_1 线以上 50～100℃。

控制锻造温度原则：

① 防止锻造裂纹。

② 锻后能获得细小的晶粒，过共析钢还要防止晶界析出网状渗碳体。

（2）加热速度

确定原则：加热速度取决于材料成分、零件形状、尺寸。

① 防止开裂。

② 减少氧化、脱碳、晶粒粗大。

③ 提高效率、节省能源。

（3）锻件冷却方法

确定原则：锻件冷却方法取决于材料成分、零件形状、尺寸。

① 预防产生翘曲变形、裂纹等。

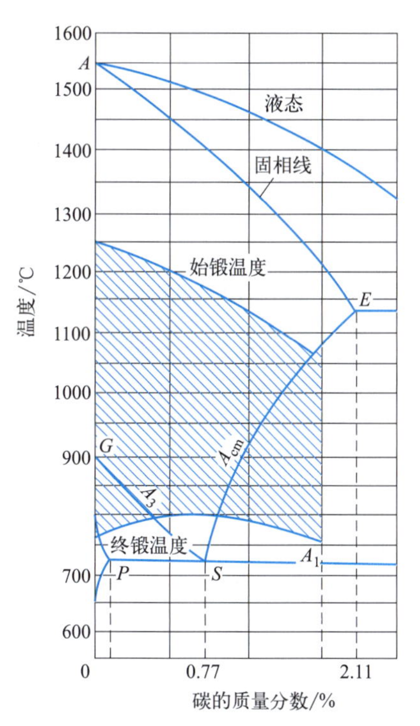

图 10-10　碳钢的锻造温度范围

② 防止硬度过高。

常用冷却方式如下。

① 空冷：适用于低、中碳钢和低合金结构钢的小型锻件。

② 坑冷或堆冷：适用于合金钢、碳素工具钢。

③ 炉冷：适用于高碳钢、合金钢大型锻件及重要锻件。

(4) 锻造加热设备

燃料加热炉：煤气炉、燃油炉，如图 10-11 所示。

特点：构造简单，对材料适应性广；但加热慢、效率低、质量难以控制，劳动条件差。

电加热炉：电阻炉、感应炉，毛坯可直接通电加热。

特点：温度控制精确、烧损少，采用保护性气体可防氧化脱碳，质量控制好。但坯料的尺寸或形状受到限制。

图 10-11　锻造加热设备

(5) 加热时常见的缺陷

氧化：引起原因是表面生成氧化铁。危害是毛坯烧损，表面质量受影响，较硬的氧化皮加剧了模具的磨损。

脱碳：引起原因是表面碳烧损，使含碳量降低，危害是表面强度、硬度、耐磨性下降。

过热：引起原因是加热温度过高、保温时间过长，奥氏体晶粒粗大，危害是影响钢的韧性。

过烧：引起原因是加热温度过高，使奥氏体晶界熔化，氧化性气体渗入使晶界严重氧化。危害是使钢的力学性能大大下降，甚至报废。

裂纹：引起原因是坯料中存在内应力，内应力引起坯料心部产生裂纹。

2. 锻造成形方法

锻造成形方法多样，主要介绍自由锻、模锻、胎模锻。

(1) 自由锻

自由锻是用简单的通用性工具，但不使用模具，使坯料产生变形而获得锻件的加工方法。

① 自由锻的生产特点和应用。

优点：所用工具和设备简单，通用性好，成本低。

缺点：靠人工操作，锻件精度低，加工余量大，劳动强度大，生产率不高。

应用：用于单件、小批量生产。在大型锻件的生产中，自由锻几乎是唯一的方法。

② 自由锻设备。

空气锤、四柱式液压机、双柱液压机、水压机等，如图 10-12 所示。

图 10-12　锻造设备

③ 自由锻的基本工序。

a. 拔长（延伸）。使坯料断面面积减小、长度增加的工序，如图 10-13 所示。适用于杆、轴类锻件。

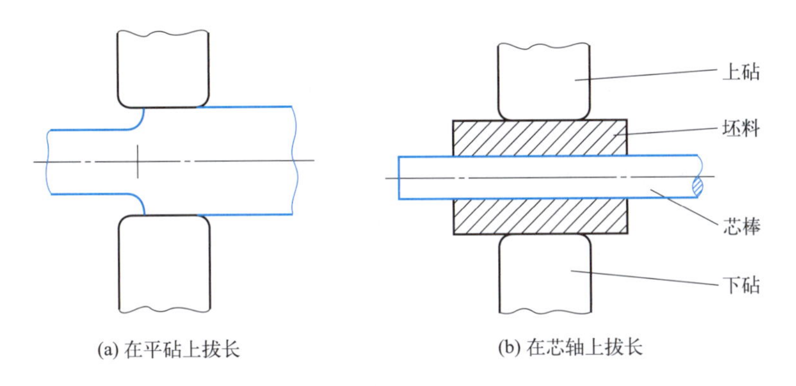

图 10-13　拔长

b. 镦粗。坯料高度减小，横断面积增大的工序，如图 10-14 所示。适用于齿轮坯等圆饼类锻件。

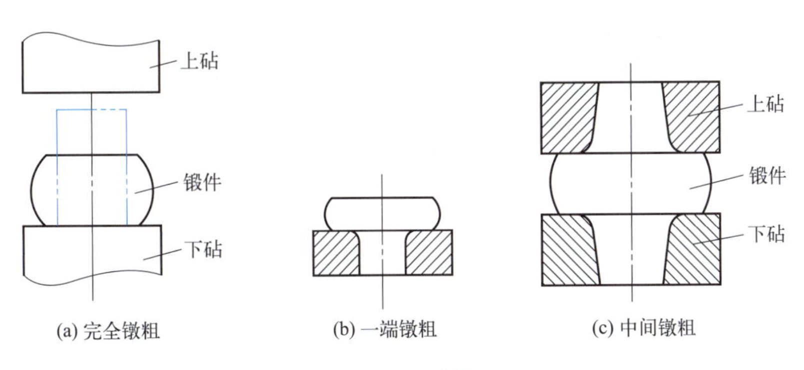

图 10-14　镦粗

c. 冲孔。是在坯料上冲出透孔或不透孔的锻造工序，如图 10-15 所示。

d. 其他自由锻工序（弯曲、错移、锻接、扭转），如图 10-16 所示。

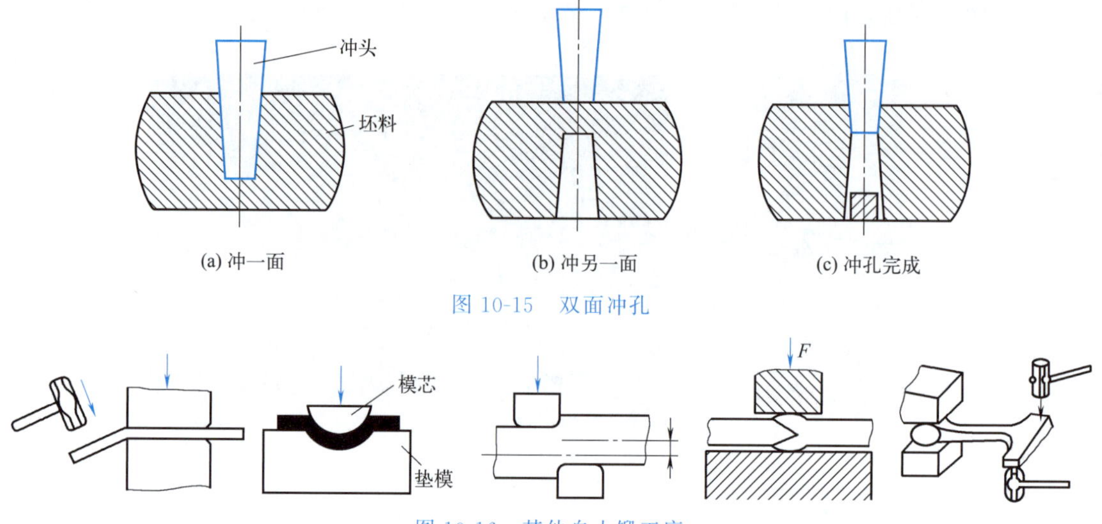

图 10-15　双面冲孔

图 10-16　其他自由锻工序

（2）模锻

模锻是利用模具使坯料变形而获得锻件的锻造方法，得到的毛坯称为模锻件。

① 模锻的特点和应用。

优点：生产率高，表面质量好；加工余量小，余块少，甚至没有；尺寸准确，锻件公差比自由锻小 2/3~3/4；可节省大量金属材料和机械加工工时，操作简单。

缺点：受设备压力吨数的限制，宜生产 70kg 以下的锻件；锻模的制造周期长、成本高；模锻设备的投资费用比自由锻大。

应用：小型锻件的大批量生产。

② 模锻常用设备。曲柄压力机、摩擦压力机等，如图 10-17 所示。

(a) 曲柄压力机　　(b) 摩擦压力机

图 10-17　模锻常用设备

③ 锻造模具。

a. 单膛锻模。单膛锻模是在一副锻模上只具有终锻模膛一个单模膛。锻造时常需空气锤制坯，再经终锻模膛的多次锤击成形，最后取出锻件切除飞边，如图 10-18 所示。

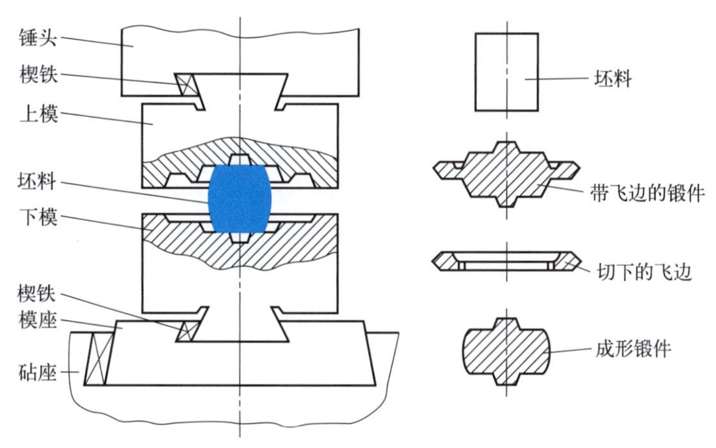

图 10-18　单膛锻模及锻件成形过程

b. 多膛模锻。多膛模锻是在一副锻模上具有两个以上模膛的锻模，制坯、预锻、成形同在一副模具上完成。多模膛锻模在模具上设置有拔长模膛、滚压模膛、弯曲模膛、预锻模膛、终锻模膛，如图 10-19 所示。

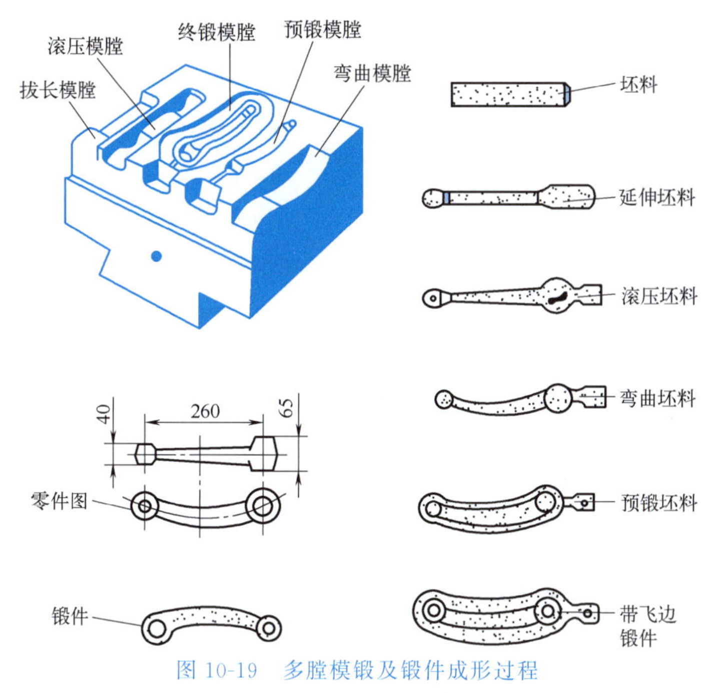

图 10-19　多膛模锻及锻件成形过程

四、任务实施

根据材料进行锻造方法选择。

练习题

一、选择题

1. 检验精度高的圆锥面角度时，常采用（　　）。

A. 样板　　　B. 锥形量规　　　C. 万能角度尺

2. 车削圆锥体时，刀尖高于工件回转轴线，加工后锥体表面母线将呈（　　）。

A. 直线　　　B. 曲线且圆锥小端直径增大　　　C. 曲线

3. 通过圆锥轴线的截面内两条素线间的夹角称为（　　）。

A. 顶角　　　B. 圆锥半角　　　C. 锐角　　　D. 圆锥角

4. 圆锥面配合，当圆锥角在（　　）时，可传递较大转矩。

A. 小于3°　　　B. 小于6°　　　C. 小于9°　　　D. 大于10°

5. 莫氏圆锥号数不同，锥度角（　　）。

A. 不同　　　B. 相同　　　C. 任意　　　D. 相似

6. 加工锥度较大，长度较短的圆锥面，常采用（　　）。

A. 转动小滑板法　　　B. 偏移尾座法　　　C. 仿形法　　　D. 宽刃刀车削法

7. 偏移尾座法可加工（　　）的圆锥。

A. 长度较长、锥度较小　　　B. 长度较长、锥度较大

C. 有多个圆锥面　　　D. 长度较长、任意锥度

8. 对于配合精度要求较高的锥度零件，用（　　）检验。

A. 涂色法　　　B. 万能角度尺　　　C. 角度样板　　　D. 专用量规

9. 车圆锥时，车刀刀尖高于工件回转轴线，则车出的工件表面会产生（　　）误差。

A. 尺寸精度　　　B. 椭圆度　　　C. 双曲线　　　D. 圆度

10. 多膛模锻主要有（　　）。

A. 滚压模膛、弯曲模膛、终锻模膛

B. 滚压模膛、弯曲模膛、预锻模膛

C. 预锻模膛、终锻模膛

D. 拔长模膛、滚压模膛、弯曲模膛、预锻模膛、终锻模膛

二、判断题

1. 圆锥斜度是锥度的1/2。（　　）

2. 莫氏圆锥共有七种（0～6号），其锥度是相等的。（　　）

3. 车圆锥时，只要圆锥面的尺寸精度、形位公差、表面粗糙度符合要求，则该工件为合格。（　　）

4. 公制锥度的号码标记表示圆锥的大端直径。所有号码的公制锥度的锥度均为1∶20。（　　）

5. 莫氏圆锥各号码的锥度值是相等的。（　　）

6. 金属的可锻性用塑性和变形抗力来综合衡量。（　　）

7. 自由锻的基本工序为拔长、镦粗、冲孔等。（　　）

项目十一

车陀螺件

学做目标：

1. 了解车削成型面的加工方法；
2. 掌握双手控制法车削陀螺的成形面，提高双手动作的协调能力；
3. 通过车削陀螺的练习，能熟练掌握车床的基本操作技能；
4. 正确使用锉刀和砂布对工件进行修光；
5. 掌握行业标准与规范的查阅与使用；
6. 能查阅有关资料和自我学习，并能灵活运用理论知识解决实际问题；
7. 能具有良好的思想道德素质和健康的心理，能够承受较强的工作负荷及工作、生活中的各种压力；
8. 能具有职业健康、环保、安全、创新、创业意识和团队协作、独立工作、应对突发事件等能力。

机械加工任务：

车陀螺

车陀螺，如图 11-1 所示。

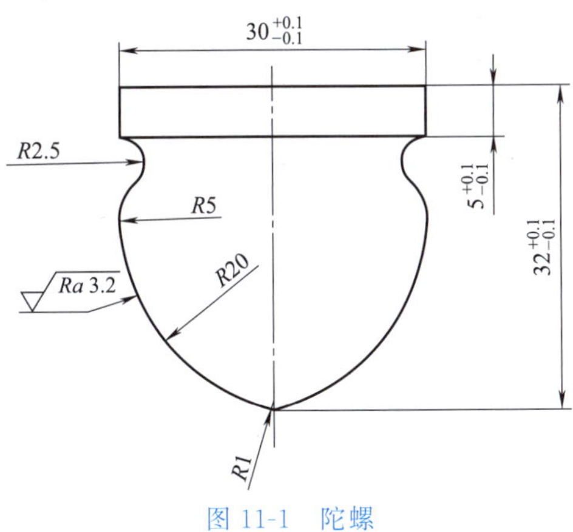

图 11-1 陀螺

任务一 车 陀 螺

机器上有些零件表面的母线是直线，而有些零件表面的母线是曲线，如手柄、圆球、凸轮等，这些带有曲面的表面叫作成形面。

对于成形面零件的加工，可根据产品的特点、精度及生产批量大小等不同情况，分别采用不同的加工方法，如双手控制法、成形法、靠模法、专用工具法及铣削等方法加工。有的表面则还要进行表面修饰加工，如抛光、研磨、滚花等。

一、车削加工成形面的一般方法

1. 双手控制法

双手控制法是利用双手同时摇动中拖板和小拖板的手柄，控制成形车刀刀尖运行的轨迹与所需加工成形面的曲线相符，从而车削出成形面。

在生产中，通常是左手控制中滑板手柄，右手控制小滑板手柄。但考虑到劳动强度和操作者的习惯，也可采用左手控制床鞍手柄和右手控制中滑板手柄的方法同时协调动作来进行加工。

双手控制法车成形面的特点是灵活、方便，简单易行，不需要其他辅助工具的个人操作，但需较高的技术水平，适用于精度要求不高，单件或小批量的成形面工件的生产。

2. 成形刀法

成形刀法利用刀刃形状与成形面轮廓相对应的成形刀进行成形面的车削加工。

用成形刀法车削加工成形面时，车刀只做横向进给，加工精度主要靠刀具保证。由于切削面积较大，易引起振动，加工时切削用量应取小些，工件的装夹必须牢靠，并保持良好的冷却润滑条件，多在成批加工较短的成形面时使用。

3. 靠模法

用靠模法车削成形面的原理和方法与用靠模板法车圆锥面相似。加工质量与生产效率高，广泛应用于大批量工件的加工生产中。常用的有两种类型，靠板靠模法和尾座靠模法，如图 11-2 所示。

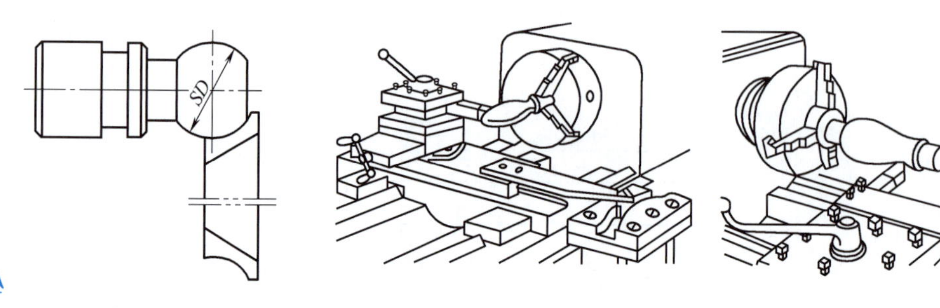

(a) 靠板靠模法　(b) 尾座靠模法

图 11-2　靠模法

二、成形面的检验

一般都使用样板来检验。

用样板检验成形面工件的方法如图 11-3 所示。检验时，必须使样板的方向与工件轴线一致。成形面是否符合图样要求，可以由样板与工件之间通过透光或塞尺来判断缝隙的大小。表面粗糙度可用目测或比较法来判定。

在车削和检验圆球时，可用外径千分尺变换几个方向来测量圆球的直径、圆度误差。

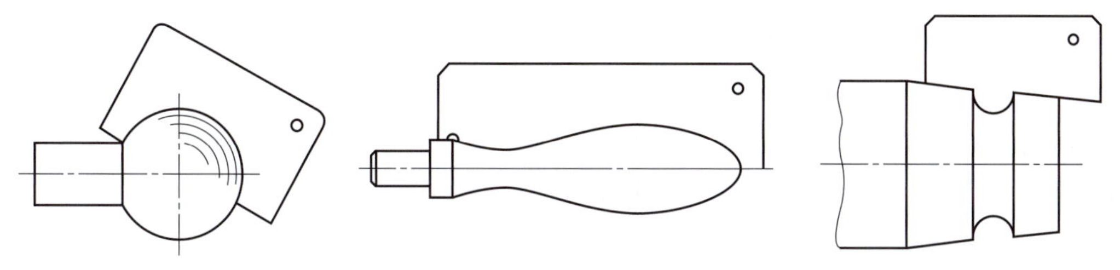

图 11-3　用样板检验成形面方法

三、任务实施

1. 图样分析

根据图样（图 11-1）可知，陀螺属于较典型的成形面工件，车削时要求双手移动的速率是不一样的，才能车削出成形面，这也是练习的难点和重点。

2. 加工准备

① 看图样，了解加工内容，并检测工件加工余量。

② 车刀包括圆头车刀（刀头硬质合金）及 45°、90°车刀和切断刀。

③ 选择好切削用量，根据所需的转速和进给量调节好车床上手柄的位置。

④ 材料 45 钢，毛坯 ϕ35 圆棒，每组一根。

⑤ 设备、工量具准备。CA6140A 车床；0～25mm 千分尺、150mm 游标卡尺；锉刀、砂纸等。

3. 加工步骤

三爪卡盘装夹→车削外圆→车削成形面→车槽→修光→切断→装夹→车端面→检验。

4. 考核评价

陀螺加工考核评价见表 11-1。

表 11-1　陀螺加工评分标准

序号	考核项目及要求		评分标准	配分	互检	质检	评分
1	尺寸精度	ϕ30	超差扣 5 分	10			
2		32	超差扣 5 分	10			
3		5	超差扣 5 分	10			
4		R2.5	超差扣 5 分	10			
5		R20	超差扣 2 分	5			
6		R2.5	超差扣 2 分	5			
7	表面粗糙度	$Ra\leqslant 3.2\mu m$	超差扣 6 分	20			
8	管理	安全文明及现场管理	违反一次扣 5 分	30			
合计				100			
姓名		学号	班级	分数			

任务二　表面修饰

用双手控制法车成形面，由于手动进给不均匀，工件表面粗糙度往往很大，达不到图样要求。工件车好以后，还需用锉刀、砂纸等进行修整抛光。

一、用锉刀修光

锉刀一般用 T12 制成，热处理后硬度达到 61～64HRC，锉刀用负前角切削。锉刀常选用平锉、半圆锉。在锉削时，为了保证安全，最好左手握柄，右手扶住锉刀前端锉削，如图 11-4 所示，避免钩衣伤人。锉削时，速度要慢，压力要均匀，移动缓慢，以免工件锉扁或呈节状。转速选择要合理，速度太高，易使锉刀磨钝；太低，工件易锉扁。为防止锉屑滞塞在锉纹里而损伤工件表面，锉削前可在锉齿表面涂一层粉笔末，并经常用钢丝刷清理锉齿缝。

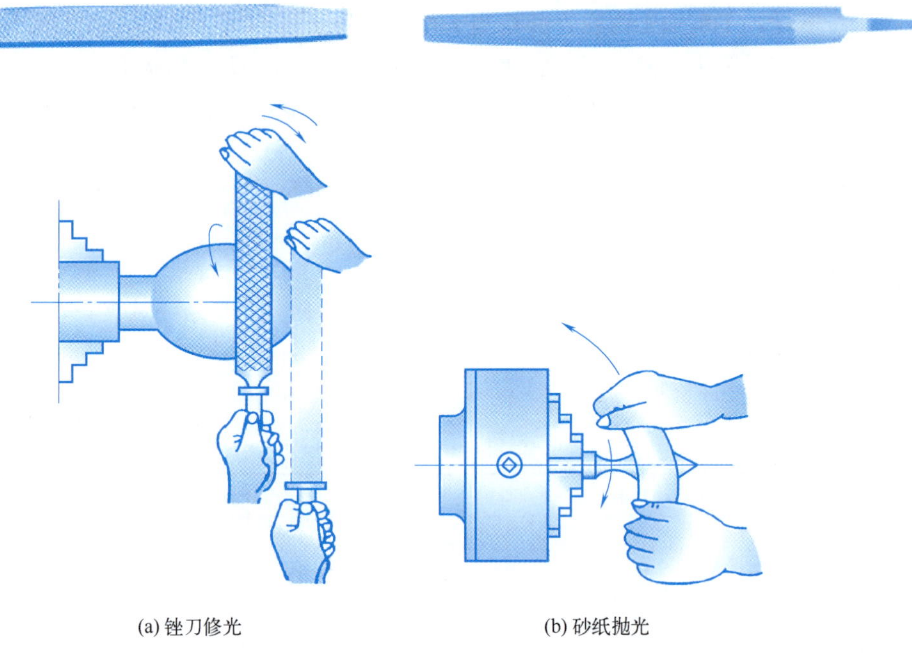

(a) 锉刀修光　　(b) 砂纸抛光

图 11-4　修光

二、用纱布抛光

工件经过锉削后，表面会有细小条痕，需用砂纸抛光的方法去除。根据工件表面条痕的不同情况，可以合理选择由粗到细的砂纸。用砂纸抛光时，转速要高，两手握住砂纸两端，并使砂纸在工件上慢慢来回移动，压力不要过大。或把砂纸垫在锉刀下面，用类似锉削方法抛光。最后，在砂纸上加少量的全损耗系统用油，以减小工件表面粗糙度。

三、任务实施

用锉刀和砂纸进行抛光。

练习题

一、选择题

1. 在加工成形面时，通常是（　　）。

A. 左手控制中滑板手柄，右手控制小滑板手柄

B. 右手控制中滑板手柄，左手控制小滑板手柄

C. 左手控制床鞍手柄，右手控制小滑板手柄

2. 在车削和检验圆球时，可用外径千分尺变换几个方向来测量圆球的（　　）误差。

A. 圆度　　B. 圆柱度　　C. 垂直度

3. 在锉削时，为了保证安全，最好是（　　），避免钩衣伤人。

A. 右手握柄，左手扶住锉刀前端

B. 左手握柄，右手按住锉刀面

C. 左手握柄，右手扶住锉刀前端

4. 车削成形面的方法有（　　）法、双手控制法、成形法三种。

A. 靠模　　B. 宽刃车刀　　C. 仿形　　D. 转动小滑板

5. 加工数量较少或单件、精度要求不高的成形面工件，可采用（　　）加工。

A. 成形法　　B. 双手控制法　　C. 仿形法　　D. 专用工具

二、判断题

1. 用砂纸抛光时，转速要高，两手握住砂纸两端，并使砂纸在工件上慢慢来回移动，压力不要过大。（　　）

2. 检验成形面是否符合图样要求，可以由样板与工件之间通过透光或塞尺来判断缝隙的大小。（　　）

项目十二

滚花销的加工

学做目标：

1. 掌握滚花的车削方法；
2. 能加工出合格的滚花销；
3. 能分析滚花时出现乱纹的原因及其防治方法；
4. 掌握行业标准与规范的查阅与使用；
5. 能查阅有关资料和自我学习，并能灵活运用理论知识解决实际问题；
6. 能具有良好的思想道德素质和健康的心理，能够承受较强的工作负荷及工作、生活中的各种压力；
7. 能具有职业健康、环保、安全、创新、创业意识和团队协作、独立工作、应对突发事件等能力。

机械加工任务：

滚花

把 $\phi42\times72$mm 的毛坯车成如图 12-1 所示的滚花销，并滚压网纹为 m0.3mm。

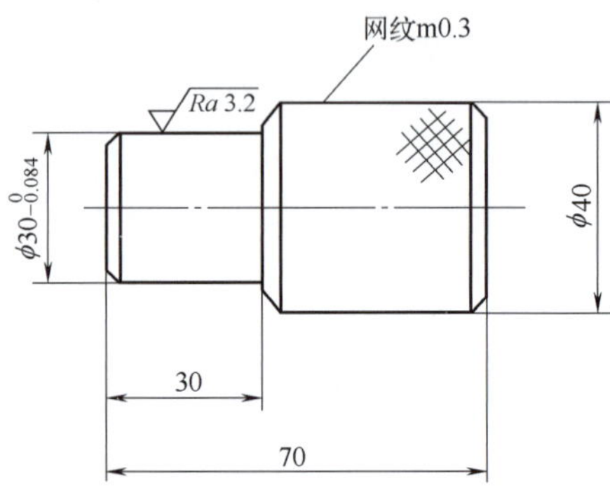

图 12-1　滚花销

任务　滚　　花

为了增加工件摩擦力和表面美观，常用滚花刀在车床上对工件进行滚压加工，如车床刻度盘、千分尺的微分套管等的加工。

一、花纹种类

花纹有直纹、斜纹和网纹三种，每种又有粗纹、中纹和细纹之分。节距 1.2mm 和 1.6mm 是粗纹，节距 0.8mm 是中纹，节距 0.6mm 是细纹。

二、滚花刀的种类

滚花刀一般有单轮、双轮和六轮三种，如图 12-2 所示。单轮滚花刀滚直纹和斜纹。双轮滚花刀和六轮滚花刀滚网纹。

图 12-2　滚花刀

三、滚花的方法

滚花刀装夹在刀架上，滚轮中心与工件回转中心等高。滚压有色金属或滚花要求较高的工件时，滚花刀的装夹应与工件表面平行，滚压碳素钢或滚花要求一般的工件时，可使滚花刀刀柄尾部向左偏斜 3°～5°，以便于切入工件表面，不易产生乱纹。开始滚压时，工件低速旋转，挤压力要大，使工件圆周上一开始就形成较深的花纹，这样就不容易产生乱纹。为了减少开始时的径向压力，可用滚花刀宽度的 1/2 或 1/3 进行挤压，这样滚花刀就容易切入工件表面。当停车检查花纹符合要求后，即可纵向机动进给。

四、滚花时易产生的质量问题和注意事项

① 接触面大，使单位面积压力变小，花纹浅，出现乱纹。
② 滚花刀转动不灵活，或滚花刀槽中有细屑阻塞，有碍滚花刀压入工件。
③ 转速过快，滚花刀与工件易产生滑动。
④ 滚花刀间隙过大，产生径向摆动与轴向蹿动等。
⑤ 滚直纹时，滚花刀的齿纹必须与工件轴线平行，否则挤压的花纹不直。
⑥ 滚花时，不能用手和棉纱接触花纹表面，以防危险。
⑦ 压力过大，进给量过慢，会滚出台阶形凹坑。

五、任务实施

1. 图样分析

根据图样（图 12-1）可知，滚花销属于较典型的滚花工件，装夹方式可用三爪自定心卡盘，工件需要调头车削。

2. 加工准备

（1）工件毛坯

滚花销毛坯：$\phi 42 \times 72$mm；材料：45 钢；数量：一件。

（2）工艺装备

90°粗、精车刀，切断刀，节距为 0.8mm 的两轮滚花刀；游标卡尺、千分尺。

（3）设备

CA6140A 车床。

3. 工艺分析

由于滚花时出现工件移位现象，且难以避免，所以滚花应安排在粗车之后，精车之前。滚花前应根据工件的材料性质和花纹节距的大小，将滚花工件表面的直径车小（0.2～0.5）P（P 为滚花轮的节距）或（0.8～1.7）m。

4. 操作步骤

三爪卡盘装夹→车端面→粗、精车外圆→倒角→调头装夹→粗车外圆→滚花→倒角。

5. 考核评价

滚花销考核评价见表 12-1。

表 12-1 滚花销加工评分标准

序号	考核项目及要求		评分标准	配分	互检	质检	评分
1	尺寸精度	$\phi 30$	超差扣 10 分	20			
2		$\phi 40$	超差扣 5 分	10			
3		30	超差扣 5 分	10			
4		70	超差扣 5 分	10			
5	表面粗糙度	$Ra \leqslant 3.2\mu m$	超差扣 10 分	20			
6	管理	安全文明及现场管理	违反一次扣 5 分	30			
合计				100			
姓名	学号		班级	分数			

练习题

一、选择题

1. 滚花时易产生很大的挤压变形，因此，必须把工件滚花部分直径车（　　）mm。

A. 小（0.2～0.5）P　　B. 大（0.2～0.5）P　　C. 小（0.08～0.12）P

2. 滚花开始时，必须用较（　　）的进给压力。

A. 小　　B. 大　　C. 轻微

3. 滚花时应选择（　　）的切削速度。

A. 较高　　B. 中等　　C. 较低

4. 滚花以后，工件直径（　　）滚花前直径。

A. 大于　　B. 等于　　C. 小于

5. 滚花一般放在（　　）。

A. 粗车之前　　B. 精车之前　　C. 精车之后

二、判断题

1. 滚花刀在装夹时，一般与工件表面产生一个很小的夹角，使刀具容易切入工件表面。（　　）

2. 滚花时产生乱纹，其主要原因是转速太慢。（　　）

3. 滚花时应选择较高的切削速度。（　　）

项目十三

铣 削 加 工

学做目标：

1. 了解铣削的切削运动、加工特点及应用范围；
2. 掌握常用铣刀的材料、种类和作用；
3. 掌握铣床的主要部件、附件及功用；
4. 掌握铣床的基本操作技能；
5. 掌握铣工安全文明生产与6S管理；
6. 能正确安装铣刀和装夹铣削工件；
7. 能对铣床进行日常的维护与保养；
8. 掌握行业标准与规范的查阅与使用；
9. 能查阅有关资料和自我学习，并能灵活运用理论知识解决实际问题；
10. 能具有良好的思想道德素质和健康的心理，能够承受较强的工作负荷及工作、生活中的各种压力；
11. 能具有职业健康、环保、安全、创新、创业意识和团队协作、独立工作、应对突发事件等能力。

认识铣床

机械加工任务：

铣床操作练习。

任务一　铣削加工基本知识认知

铣床是继车床之后发展起来的一种工作用机床，铣床约占机床总数的25%。铣削加工是机械加工的基础，是学习数控铣床的前提。通过学习铣床基本知识、安全文明生产和6S现场管理，学生能够进行铣床基本操作，会对铣床进行维护保养，遵守现场管理各项要求。

一、铣削概述

铣削加工就是在铣床上利用刀具的旋转和工件的移动（或转动），将工件加工成图样所要求的精度和表面质量的加工方法。铣削加工的精度比较高，一般经济加工精度为IT9～IT8级、表面粗糙度为Ra6.3～1.6μm。必要时，铣削加工精度也可高达IT5级、表面粗糙度可达Ra0.20μm。

在铣床上加工零件主要用多刃铣刀进行铣削，所以效率较高。在铣床上可以加工平面、台阶、沟槽、特形面、特形槽、螺旋槽、齿轮，还可以切断、钻孔、铰孔、镗孔等，如图13-1所示。

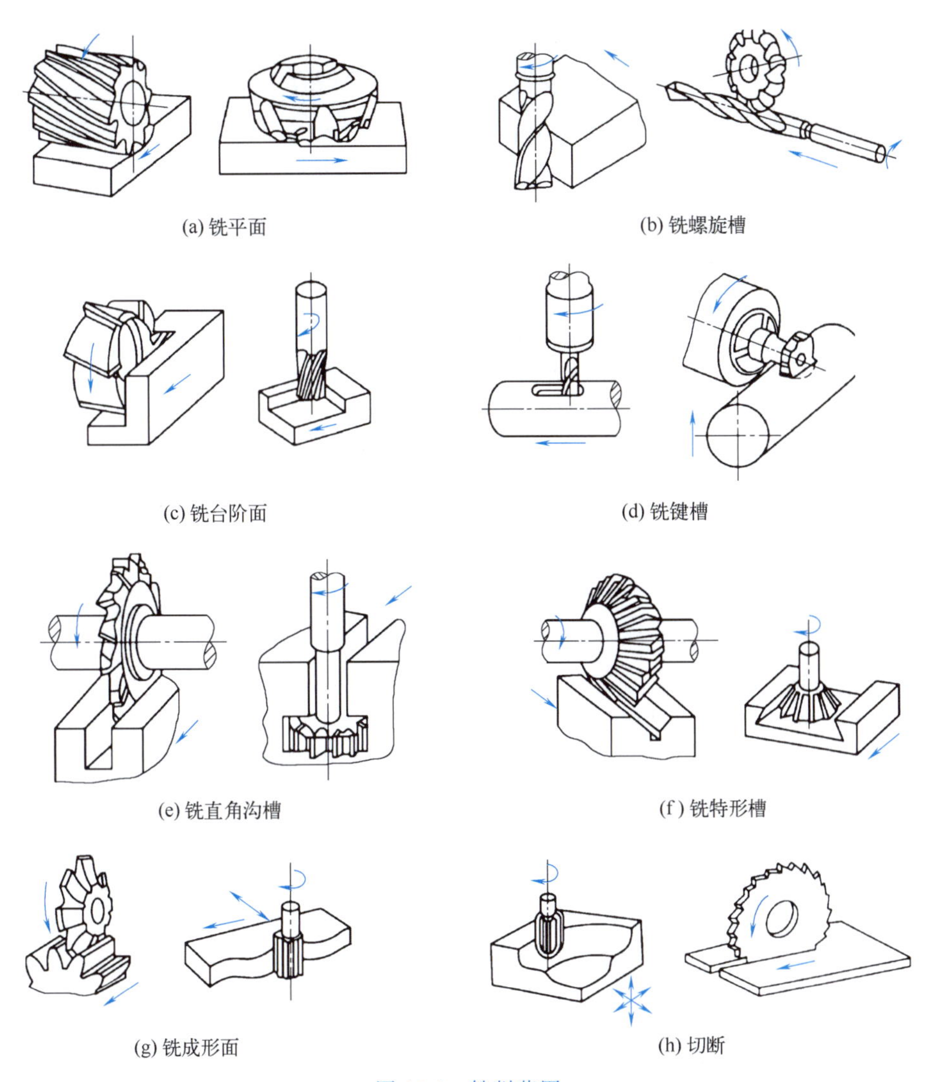

图 13-1 铣削范围

二、铣床

铣床种类虽然很多，但结构大致相同，卧式（万能）铣床和立式铣床是铣床中应用最广的类型。两者的区别在于安装刀具的主轴与工作台的相对位置不同。卧式铣床具有水平的主轴，主轴轴线与工作台台面平行；立式铣床具有直立的主轴，主轴轴线与工作台台面垂直。这两种铣床的通用性强，使用灵活，主要适用于单件小批量生产尺寸不大的零件。

（一）万能卧式铣床

1. 铣床的编号

根据GB/T 15375—2008《金属切削机床 型号编制方法》的规定，铣床型号与车床型号编制方法相同，也由类、组、系和主参数等组成。如“X6132”中的类别号用“X”表示，读作“铣”；6 是组代号，代表卧式铣床组；1 是系代号，代表万能升降台铣床系；32 是主参数，代表工作台宽度为 320mm。如图 13-2 所示。

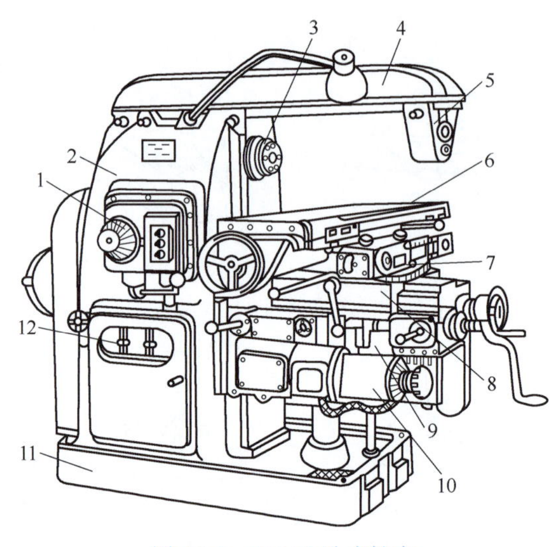

图 13-2　X6132 卧式铣床

1—主轴变速手柄；2—床身；3—主轴；4—横梁；5—刀杆支承；6—工作台；7—回转盘；8—横滑板；9—升降台；10—进给变速机构；11—底座；12—电源开关

2. 主要组成部分

① 主轴：主轴是空心轴，前端有 7∶24 的圆锥孔，用来安装刀杆。

② 工作台：由纵向、横向和转台三部分组成，用以安装工件。

③ 升降台：沿着床身前的垂直导轨上下移动，支撑工作台并调节工件与刀具之间的距离。

④ 横梁：横梁安装在床身上端燕尾槽内，根据工作需要可调整悬梁伸出的长度。

⑤ 床身：床身是机床的主体，呈箱体形竖立在底座的一端，床身下部两侧设有电器箱和总电源开关。在床身前臂有燕尾形的垂直导轨，升降台沿此导轨垂向移动。床身中部有主轴变速手柄。床身上部有水平燕尾导轨，横梁向外伸出长度可做调整，以便适应各种长度的铣刀杆。床身后面装有主电动机，铣床床身内有主轴传动系统和润滑机构等，床身上部安有主轴。

⑥ 底座：底座是铸造而成的长方形箱体，与床身成一整体，常用地脚螺栓把底座固定在地基上。底座箱体内可盛放切削液。

（二）立式铣床

图 13-3 所示为立式铣床，它与卧式铣床的主要区别特征是铣床主轴轴线与工作台台面垂直。其组成与卧式铣床相似。根据加工需要，可将立铣的主轴偏转一定角度。立铣工作台与万能卧式铣床基本相同，但没有转台，故工作台不能旋转。

立式铣床刚度好，抗振性强，可采用较大的铣削用量，加工时观察、调整铣刀位置方便，又便于装夹硬质合金端铣刀进行高速铣削。立铣可铣削平面、角度面、沟槽、曲线外形和凸轮等，应用广泛。

三、铣床常用附件

铣床的常用附件有分度头、平口钳、万能铣头、回转工作台等。

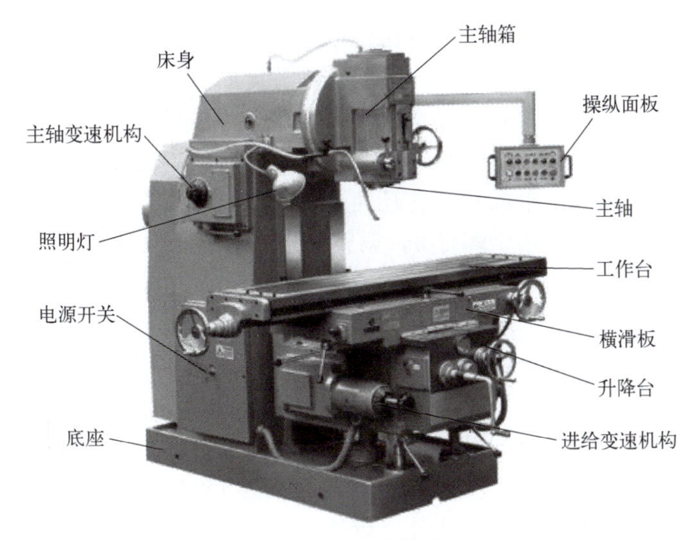

图 13-3　立式铣床

1. 分度头

在铣削加工中，铣削六方、齿轮、花键键槽等工件时，要求工件每铣过一个面或一个槽后，转过一个角度，再铣下一个面或槽，这种转角工作称为分度。分度头就是一种用来进行分度的装置，其中最常见的是万能分度头。

目前，F11125 型万能分度头在铣床上最为常用，中心高为 125mm。图 13-4 所示为 F11125 型万能分度头的结构和传动系统。

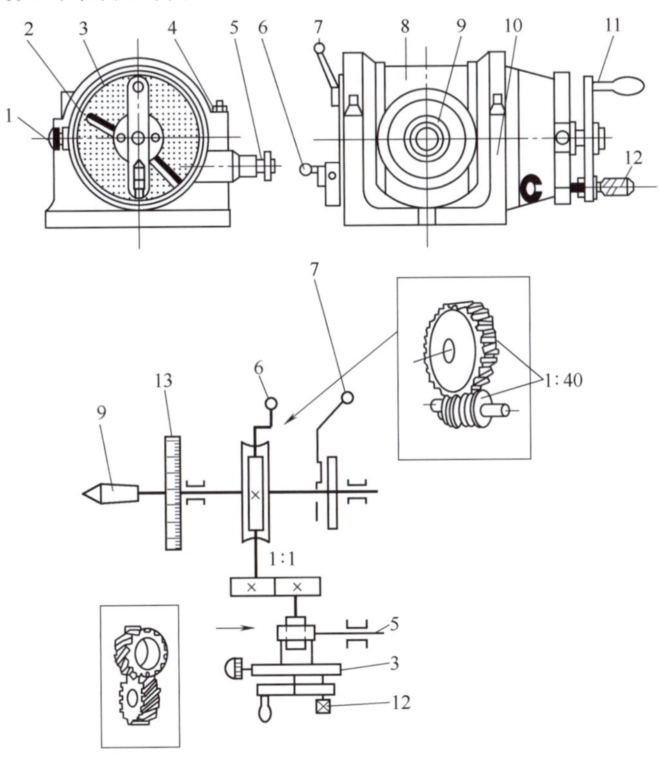

图 13-4　万能分度头的结构与传动系统

1—分度盘紧固螺钉；2—分度叉；3—分度盘；4—螺母；5—侧轴；6—蜗杆脱落手柄；7—主轴锁紧手柄；8—回转体；9—主轴；10—基座；11—分度手柄；12—分度定位销；13—刻度盘

分度头主轴 9 是空心的，两端均为莫氏锥度 4 号内锥孔，前端锥孔用来安装顶尖或锥柄心轴，后端锥孔用来安装交换齿轮心轴，作为差动分度、直线移距及加工小导程螺旋面时安装交换齿轮用。主轴的前端外部有一段定位锥体，用于与三爪自定心卡盘的法兰盘配合。

装有分度蜗轮的主轴安装在回转体 8 上，可随回转体在分度头基座 10 的环形导轨内转动。因此，主轴除了安装成水平位置外，还可在 $-6^\circ \sim 90^\circ$ 的范围内任意倾斜，在调整前应先松开基座上部靠主轴后端的两个螺母 4，调整好角度后再予以紧固。主轴的前端固定着刻度盘 13，同主轴一起转动。刻度盘上有 $0^\circ \sim 360^\circ$ 的刻线，可作分度之用。

分度盘 3 上有数圈在圆周上均布的定位孔，在分度盘左侧有一分度盘紧固螺钉 1，既可用于紧固分度盘，亦可用于对分度盘进行微量调整。在分度盘的左侧有两个手柄，一个是主轴锁紧手柄 7，在分度前应先松开它，分度完毕后再将其锁紧；另一个是蜗杆脱落手柄 6，它可以使蜗杆和蜗轮脱开或啮合。蜗杆和蜗轮的啮合间隙可用偏心套调整。在分度头右侧有一个分度手柄 11，转动分度手柄时，通过一对传动比为 1∶1 的直齿圆柱齿轮传动及一对传动比为 1∶40 的蜗杆副使主轴旋转。此外，分度盘右侧还有一根安装交换齿轮用的侧轴 5，它通过一对传动比为 1∶1 的交错轴斜齿轮副和空套在分度手柄轴上的分度盘相联系。

分度头的基座 10 下面的槽里装有两块定位键，可与铣床工作台面的 T 形槽相配合，以便在安装分度头时，使分度头主轴轴线准确地平行于工作台的纵向进给方向。

2. 万能铣头

为了扩大卧式铣床的加工范围，可在其上安装一个万能铣头。铣头的主轴可以在相互垂直的两个平面内旋转，不仅能完成立铣和卧铣的工作，还可以在工件的一次装夹中，进行任意角度的铣削，万能铣头如图 13-5 所示。

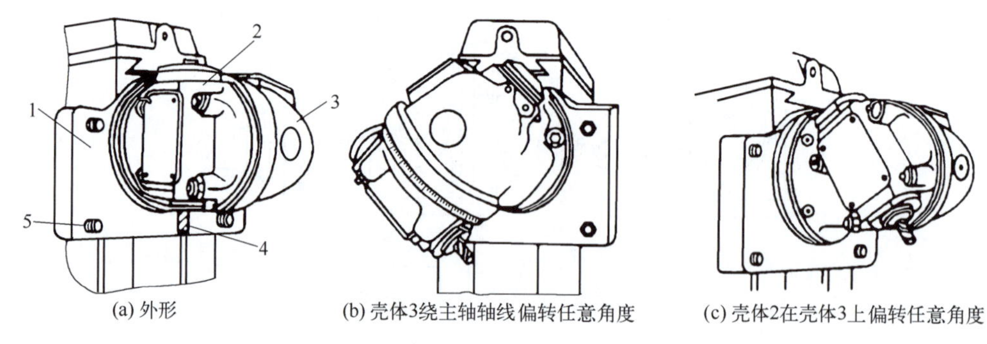

图 13-5 万能铣头

1—底座；2,3—壳体；4—铣头；5—螺栓

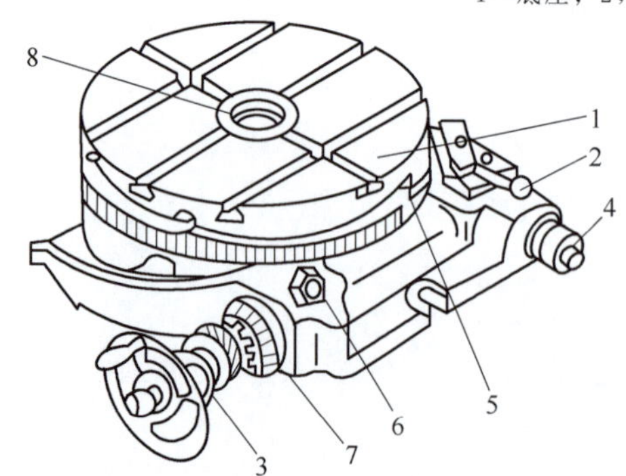

图 13-6 回转工作台

1—转台；2—手柄；3—手轮；4—传动轴；5—挡铁；6—螺母；7—偏心环；8—定位孔

3. 回转工作台

回转工作台是铣床的常用附件之一。它主要用来装夹工件，以满足工件沿圆周分度或铣削工件上的圆弧表面的要求。回转工作台主要由转台、手柄、手轮、传动轴和底座等组成，如图 13-6 所示。

4. 平口钳

铣削零件的平面、台阶、斜面和铣削轴类零件的键槽等，都可以用平口钳装夹工件。平口钳结构如图 13-7 所示。

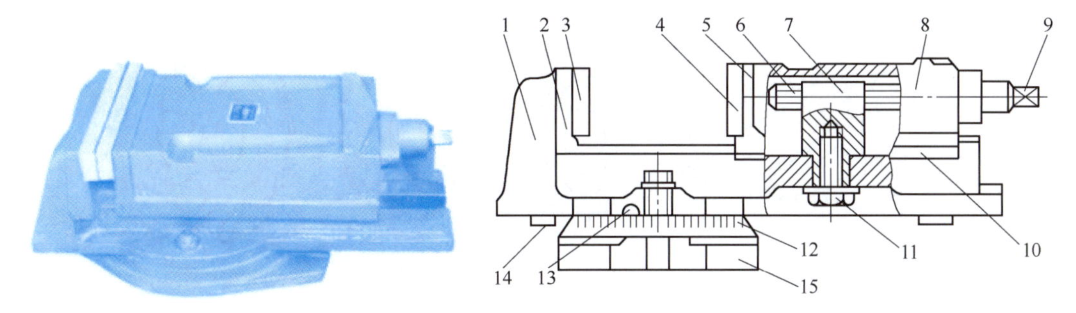

图 13-7　平口钳

1—钳体；2—固定钳口；3，4—钳口铁；5—活动钳口；6—丝杠；7—螺母；8—活动座；9—方头；10—压板；11—吊紧螺钉；12—回转底盘；13—钳座零线；14—定位键；15—底座

四、铣刀和工件安装

(一) 铣刀

1. 铣刀切削部分的材料

(1) 高速钢

铣刀有整体的和镶齿的两种，一般形状较复杂的都是整体高速钢铣刀。常用的牌号有W18Cr4V、W6Mo5Cr4V2、W14Cr4VMnRe、W6Mo5Cr4V2Al、W6Mo5Cr4VSiNbAl、W9Cr4V2。

W2Mo9Cr4V2Co8是引进的超硬高速钢，可铣削难加工材料，适用于较高的铣削速度。我国生产的超硬高速钢牌号是W6Mo5Cr4V2Al，它的价格比W2Mo9Cr4V2Co8便宜得多，只是热处理工艺性要求较高。由于W18Cr4V等含W量较多的高速钢价格较贵，其生产和使用已经减少。

(2) 硬质合金

常用的硬质合金有以下三类。

① 钨钴类硬质合金（YG）：它的成分是碳化钨和钴，如YG8表示钴质量分数为8%，粗加工用含钴量高的牌号。常用牌号有YG3、YG6、YG6X、YG8四种。

② 钨钴钛类硬质合金（YT）：它的主要成分是碳化钨、碳化钛、钴，如YT15表示碳化钛质量分数为15%。常用牌号有YT30、YT15、YT14、YT5四种。YT30用于精加工，YT15和YT14用于粗精加工，YT5用于粗加工。

③ 通用硬质合金：它的主要成分是碳化钨、碳化钛、钴、碳化钽、碳化铌。目前有YW1、YW2等几种。YW1用于半精加工和精加工、YW2用于半精加工和粗加工。

2. 铣刀的种类

(1) 带孔铣刀

带孔铣刀如图13-8所示，多用于卧式铣床上。采用长刀杆装夹，刀杆一端为锥体，装入铣床主轴锥孔中，由拉杆拉紧，使之与主轴锥孔紧密配合；刀具套装在有键的刀杆上，由主轴运动带动旋转。为了保证刀杆有足够的刚度，刀杆另一端在铣床横梁的吊架内，刀杆上的套筒是用来定位刀具位置的，如图13-9所示。

(2) 带柄铣刀

带柄铣刀，如图13-10所示，多用在立式铣床上，按柄形状分为直柄和锥柄。

① 直柄铣刀。直柄铣刀一般直径不大，直柄铣刀因直径较小，可用通用夹头和弹簧夹头安装在铣床上。

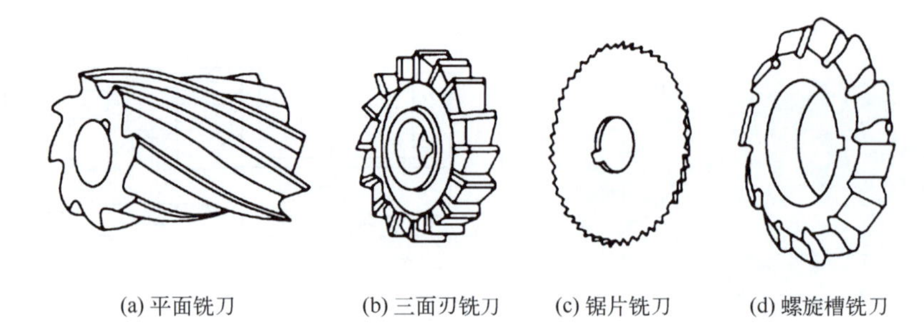

图 13-8　带孔铣刀

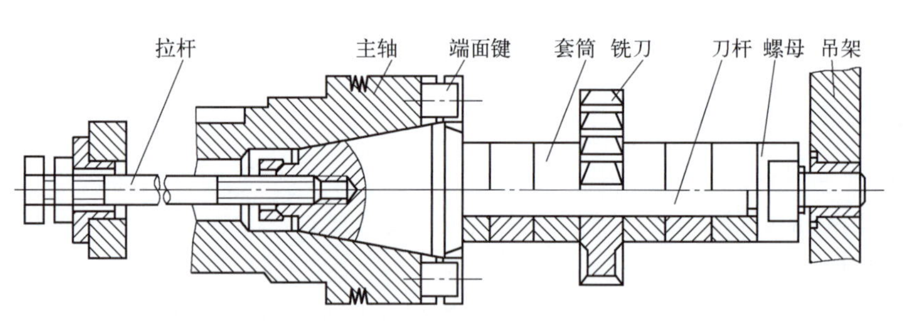

图 13-9　长刀杆装夹

② 锥柄铣刀。先根据锥柄尺寸分别处理，如铣刀锥度与铣床主轴内锥孔相同，则可直接装入主轴中，用拉紧螺杆拉紧铣刀；如铣刀的锥度与铣床主轴锥度不同，则需利用中间的过渡锥套将铣刀装入主轴锥孔中，如图 13-11 所示。

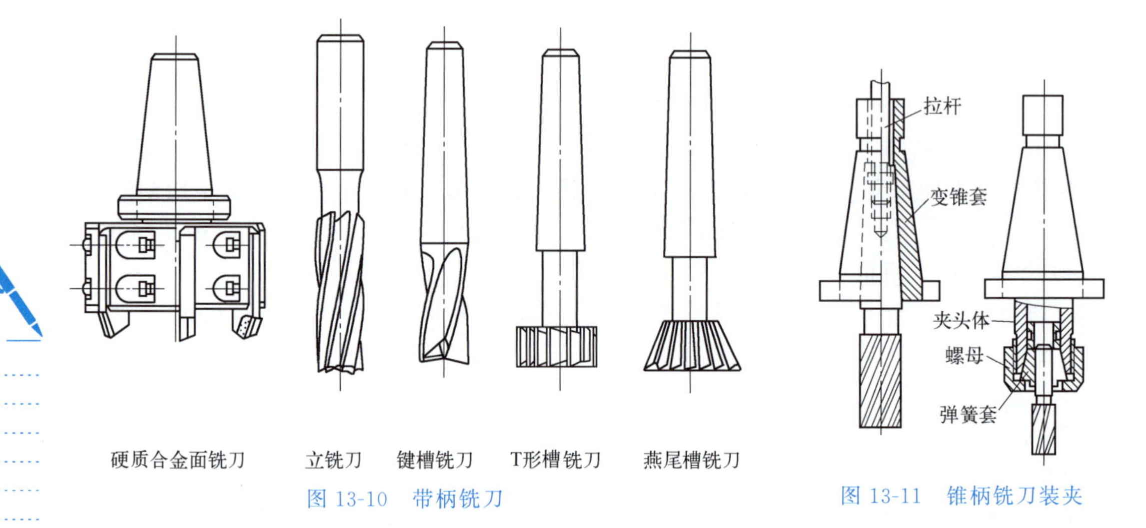

图 13-10　带柄铣刀

图 13-11　锥柄铣刀装夹

（二）工件安装

工件在铣床上的安装方法主要有以下几种。

1. 工件在平口钳上安装

铣床所用的平口钳本身精度及其对底座底面的位置精度均较高。底座下面有两个定位键，以便安装时以工作台上的 T 形槽定位。平口钳有固定式和回转式两种。

① 选择毛坯件上一个大而平整的毛坯作粗基准，将其靠在固定钳口面上。用划线盘校

正毛坯上的平面位置，符合要求后夹紧工件。校正时，工件不宜夹得太紧。在平口钳上装夹工件如图 13-12（a）所示。

② 以平口钳的固定钳口面作为定位粗基准时，将工件的基准面靠向固定钳口，并在其活动钳口与工件之间放置一圆棒。圆棒要与钳口的上表面平行，其位置应在工件被夹持部分高度的中间偏上。用圆棒夹紧工件，能保证工件基准面与固定钳口面的密合，如图 13-12（b）所示。

③ 以钳体导轨平面作为定位基准时，将工件的基准面靠向钳体导轨面，在工件与导轨面之间要加垫平行垫铁。为了使工件基准面与导轨面平行，可用手试移垫铁。当垫铁不再松动时表明垫铁与工件、水平导轨面三者密合较好。敲击工件时，适当用力，并逐渐减小。用铜锤校正工件的操作如图 13-12（c）所示。

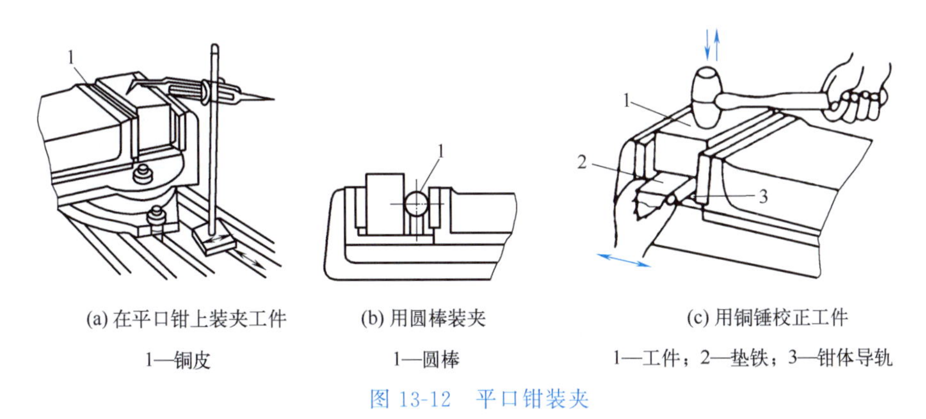

(a) 在平口钳上装夹工件　　(b) 用圆棒装夹　　(c) 用铜锤校正工件

1—铜皮　　1—圆棒　　1—工件；2—垫铁；3—钳体导轨

图 13-12　平口钳装夹

④ 用平口钳装夹工件的注意事项。

a. 在铣床上装夹工件时，应擦净钳口、钳体导轨面及工件表面。

b. 为使夹紧可靠，应尽量使工件与钳口工作面的接触面积大些。夹持短于钳口宽度的工件时应尽量应用中间均等部位。

c. 装夹工件时，工件待铣去的余量层应高出钳口上平面，高出的高度以铣削时铣刀不会碰到钳口上平面为准。

d. 在平口钳上用平行垫铁装夹工件时，所选用垫铁的平面度、平行度、相邻表面的垂直度应符合要求。

e. 要根据工件的材料、几何轮廓确定适当的夹紧力。不允许任意加长平口钳手柄。

f. 要铣削时，应尽量使水平铣削分力的方向指向固定钳口。

g. 夹持表面光洁的工件时，应在工件与钳口间加铜或铝等软垫片，以防止划伤工件表面。

h. 为提高回转式平口钳的刚性、增加切削稳定性，可将平口钳底座取下，把钳身直接固定在工作台上。

2. 用压板装夹工件

装夹工件时压板的使用方法见表 13-1。

3. 用角钢和 V 形铁装夹工件

有些工件需要固定在角钢或 V 形铁上进行铣削加工，这时工件的定位是利用百分表、划针或目测等方法校验工件的某些表面而实现的。校验后一般用压板、螺栓等将工件紧固。

表 13-1　装夹工件时压板的使用方法

正确装夹方式	错误装夹方式
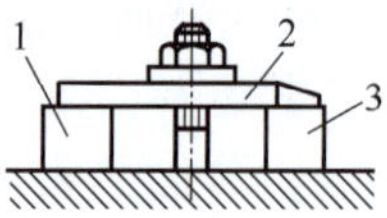 1　2　3	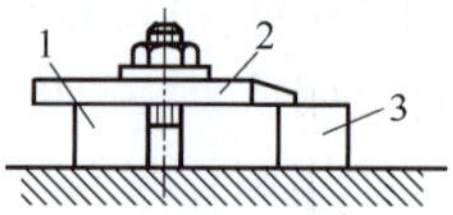 1　2　3

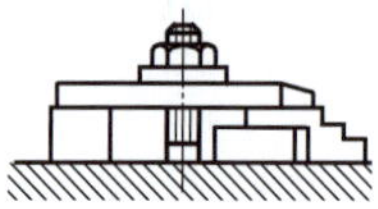	
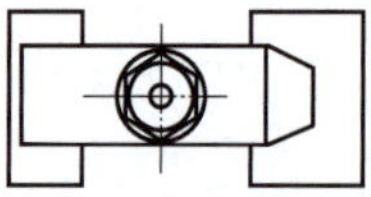	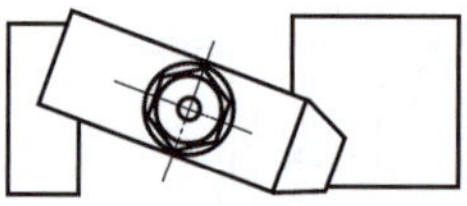

注：1 为垫铁，2 为压板，3 为工件。

① 角钢。把两个加工面铣成相互垂直的面时，可用角钢装夹，如图 13-13（a）所示。

② V 形铁。加工圆形工件时，常用 V 形铁定位。其装夹方法如图 13-13（b）所示。

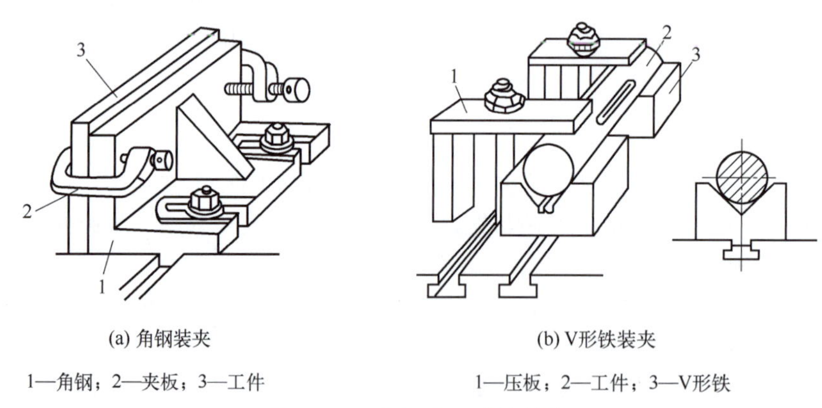

(a) 角钢装夹　　　　(b) V形铁装夹

1—角钢；2—夹板；3—工件　　　　1—压板；2—工件；3—V形铁

图 13-13　角钢和 V 形铁装夹

五、铣床润滑和维护保养

1. 铣床的润滑

每班工作完毕，应将机床擦拭干净。应做到每天一小擦，每周一大擦。铣床在运转 500h 后，一定要进行一级保养。定期对铣床进行润滑是保养的重要工作。常用的润滑方式有油泵、溅油、弹子油杯、黄油杯、浇油等。图 13-14 所示为 X5032 型立式万能铣床润滑图，必须按要求定期对机床进行润滑。

2. 铣床日常保养要求

① 平时要注意铣床的润滑，定期加油和调换润滑油。对于手拉、手揿油泵和注油孔等部位，每天应按要求加注润滑油。

② 开车之前，应先检查各部件，如操纵手柄、按钮等是否在正常位置和其灵敏度如何。

③ 操作者必须合理使用机床。操作铣床前应掌握一定的基本知识，如合理选用铣削用

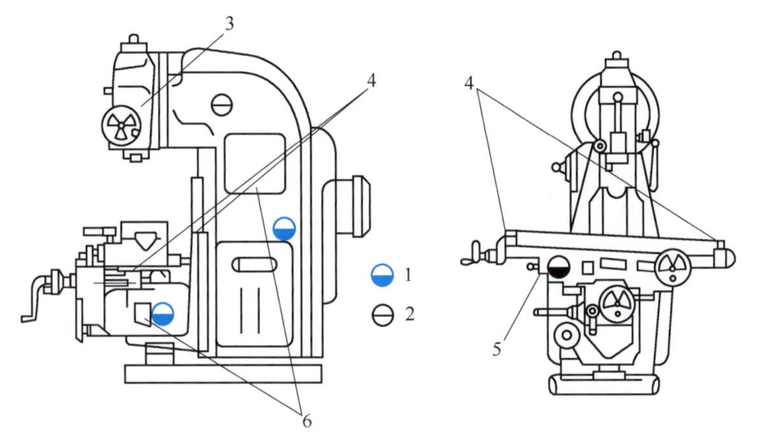

图 13-14　立式万能铣床润滑图

1—油窗；2—油标；3—6 个月补充润滑脂一次；4—每班注油一次；5—两天注油一次；6—6 个月换油一次

量、铣削方法，不能让机床超负荷工作；安装夹具及工件时，应轻放；工作台面不准乱放物品等。

④ 在工作中有异常现象，应立即停机检查。

⑤ 工作完毕要清除铣床上及周围的切屑等杂物，关闭电源，擦净机床，在滑动部位加注润滑油，整理工、夹、量、刃具，做好清洁工作。

六、铣工安全文明生产与 6S 管理

1. 铣工安全操作规程

① 开机前，应检查车床各部分机构是否完好；各开关及手柄位置是否正确；各进给方向自动停止挡铁是否紧固在最大行程以内。

② 检查所有滑动部分并进行润滑。

③ 熟悉图样和工艺文件，明确技术要求。有问题应搞懂后再上机，做到不盲目上机操作。

④ 检查毛坯是否合格，余量是否能满足车削出合格工件。

⑤ 铣削时，应正确选用及检查在用刀具。不使用已损坏刀具，以防加重铣床负荷，或发生事故。

⑥ 根据材质、硬度和铣削余量，合理选择切削速度、进给量和吃刀量，以免发生事故。

⑦ 工作结束后，将所有使用过的物件擦净归位，并清除铣床上的切屑，擦净后按规定在加油部位加注润滑油。

2. 铣工的安全技术

① 操作前要穿好工作服，袖口应扎紧。长发应塞入帽内，禁止穿裙子、短裤及凉鞋上机操作。

② 操作中严禁戴手套，高速铣削时须戴上护目镜。

③ 操作时，不要离工件太近，不要站立在切屑流出的方向，以防切屑飞入眼睛。

④ 工件及刀具必须装夹牢固，不得有松动现象。

⑤ 装卸工件时，应将工作台退到安全位置，使用扳手紧固工件时，用力方向应避开铣刀，以防扳手打滑时撞伤。

⑥ 不随意让铣床空转、不无故离开铣床。离开铣床时，要切断电源。

⑦ 进给中，禁止用手摸工件加工表面或刀具，以免伤手。在铣刀未完全停止前，不能用手去制动。

⑧ 工作中，凡装卸工件、更换刀具、测量工件尺寸以及变换主轴转速时，必须先停机。

⑨ 清除铁屑时，只允许用毛刷，禁止用手直接清理或用嘴吹。

⑩ 不准任意拆装电器设备。

⑪ 若发现机床、刀具等有异常现象或发生事故时，应立即停机，切断电源，保护现场并立即告知指导老师。

3. 铣工的文明生产

① 工作时所用的工、量、夹具及车削工件，应尽可能集中在操作者的周围。

② 机床的台面上，不允许放置工具、量具等物品。

③ 工具箱内应分类布置，保持清洁、整洁。

④ 加工图样、工艺卡片应夹放在规定位置，保持整洁和完整。

⑤ 机床周围应保持畅通、清洁。

⑥ 工、量具用完后擦净、涂油，放入盒内。

4. 6S 管理

（1）整理

① 现场摆放物品（如原物料、成品、半成品、涂料、垃圾等定时清理，区分需用与不需用的）。

② 物料架、铣工专用工具架、工具等正确使用，定期整理。

③ 铣床工作台面每班清除切屑并擦拭干净，工具箱定时整理。

④ 不用物品入库管理，废料要及时清理、处置，不占用空间。

（2）整顿

① 材料、油桶、废料、余料等定置放置。

② 工装夹具、铣工专用工具等正确使用，摆放整齐。

③ 铣床上不摆放任何物品。

④ 私人用品不能摆放在工具箱内。

⑤ 资料、保养卡、点检表定期记录，定位放置。

⑥ 对作业场所予以划分并加注场所名称。

⑦ 拖把、扫把和簸箕定位摆放。

⑧ 加工中材料、待检材料、成品、半成品等堆放整齐。

⑨ 所有生产用工、量、夹、刃具和零件等定位摆放。

⑩ 易燃物品，定位摆放，尽可能隔离。

⑪ 动力供电系统加设防护物和警告牌。

（3）清扫

① 下班前打扫地面和铣床卫生，收拾所用物品。

② 清理擦拭机器设备和工具箱。

③ 将废料、余料等归类清理。

④ 清除地面、作业区的油污，将地面拖干净。

（4）清洁

① 工作环境随时保持整齐干净。

② 长期不用（如：一月以上）物品、材料、设备等加盖防尘。

③ 保持地面、门窗、墙壁的清洁。

(5) 素养

① 遵守作息时间（不迟到、早退、无故缺席）。

② 工作态度良好（无谈天说笑、离岗、呆坐、看小说、打瞌睡、玩手机、吃东西）。

③ 使用公物时，能归位，并保持清洁。

④ 停工后打扫铣床床面和地面，整理工、量、夹、刃具。

⑤ 照章办事，不违反铣床操作规程。

⑥ 上班时一定要穿好工作服、工作鞋，戴好劳保镜，长发者须戴工作帽。

(6) 安全

① 建立系统的安全管理制度。

② 重视师生的安全教育。

③ 实行现场巡视，消除安全隐患。

④ 实训结束后，须切断设备电源，确保安全。

⑤ 应急灯等照明设施应齐全完好，保持干净。

⑥ 消防通道保持畅通、清洁、无堆积物。

⑦ 定期检查电源线、开关、插座等设施设备的安全状态。

⑧ 放假前检查门窗，上好锁，并贴封条。

七、任务实施

叙述铣削加工基本知识。

任务二　铣床操作技能

铣床基本操作

一、准备工作

① X6132 型万能升降台铣床和立式铣床各一台。

② 调整操作万能升降台铣床与立式铣床所需的工具、辅具。

二、技能训练

1. 铣床外形

① 观察铣床外形，说出铣床各部分的名称和主要作用；

② 说出铣床各手柄的名称和作用。

2. 铣床的操作步骤

(1) 铣床停机状态下的手动进给操作练习

① 在教师指导下检查铣床。对铣床进行注油润滑。

② 熟悉主轴箱变速手柄、进给箱手柄、工作台手柄和锁紧手柄操作。

③ 熟悉各个进给方向刻度盘，使工作台在纵向、横向、垂直方向分别移动 7.5mm、4mm、2.5mm。

④ 学会消除工作台丝杠和螺母间的传动间隙对移动尺寸的影响。

⑤ 每分钟均匀地手动进给 20mm、50mm、80mm。

(2) 铣床主轴的空运转操作练习

① 将电源开关转至“通”。

② 练习变换主轴转速 1～3 次（控制在低速）。

③ 按“启动”按钮，使主轴旋转 3～5min。

④ 检查油窗是否甩油。

⑤ 停止主轴旋转，重复以上练习。

（3）铣床开机状态下工作台机动进给操作练习

① 检查各进给方向紧固手柄是否松开。

② 检查各进给方向机动进给停止挡铁是否在限位范围内。

③ 使工作台在各进给方向上处于中间位置。

④ 变换进给速度（控制在低速）。

⑤ 按主轴“启动”按钮，使主轴旋转。

⑥ 使工作台做机动进给，先纵向、后横向、再垂直方向。

⑦ 检查进给箱油窗是否甩油。

⑧ 停止工作台进给，再停止主轴旋转。

⑨ 重复以上练习。

3. 铣床的保养

① 熟悉铣床各润滑部位。

② 检查各润滑处的油位或油量。

③ 熟悉工量具的放置位置。

4. 操作时的注意事项

① 严格遵守安全操作规程。

② 操作时按步骤进行，不准做与练习内容无关的操作。

③ 练习完后认真擦拭铣床，并使工作台在各进给方向上处于中间位置，各手柄恢复原位。

练习题

一、选择题

1. 铣床“X6132”中的类别号用“X”表示，读作“铣”；6 是组代号，代表卧式铣床组；1 是系代号，代表万能升降台铣床系；32 是主参数，代表工作台宽度为（　　）mm。

A. 32　　B. 320　　C. 3200

2. 在平口钳上用平行垫铁装夹工件时，所选用垫铁的平面度、平行度、相邻表面的（　　）应符合要求。

A. 硬度　　B. 斜度　　C. 垂直度

3. 6S 管理包括整理、整顿、清扫、安全、（　　）。

A. 清洁、素养　　B. 清洁、文明　　C. 职业、素养

4. 适合在卧式铣床加工沟槽、台阶用的铣刀为（　　）。

A. 键槽铣刀　　B. 立铣刀　　C. 三面刃铣刀

5. 毛坯工件安装，用（　　）校正毛坯位置，待符合要求后夹紧工件。

A. 游标卡尺　　B. 钢直尺　　C. 划针盘

二、判断题

1. 工作中，凡装卸工件、更换刀具、测量工件及变换主轴转速时，须先停机。(　　)

2. 为了使工件基准面与导轨面平行，可用手试移垫铁。当垫铁不再松动时表明垫铁与工件、水平导轨面三者密合较好。敲击工件时，适当用力，并逐渐减小。用铁锤校正工件。(　　)

3. 立式铣床的主要特征是铣床主轴轴线与工作台台面平行。(　　)

项目十四

铣削六方体工件

学做目标：

1. 掌握铣削用量的选择方法；
2. 掌握铣削平面的方法和步骤；
3. 能熟练操作铣床完成平面的加工，并保证相关技术要求；
4. 掌握行业标准与规范的查阅与使用；
5. 能查阅有关资料和自我学习，并能灵活运用理论知识解决实际问题；
6. 能具有良好的思想道德素质和健康的心理，能够承受较强的工作负荷及工作、生活中的各种压力；
7. 能具有职业健康、环保、安全、创新、创业意识和团队协作、独立工作、应对突发事件等能力。

机械加工任务：

铣削六方体，如图 14-1 所示。

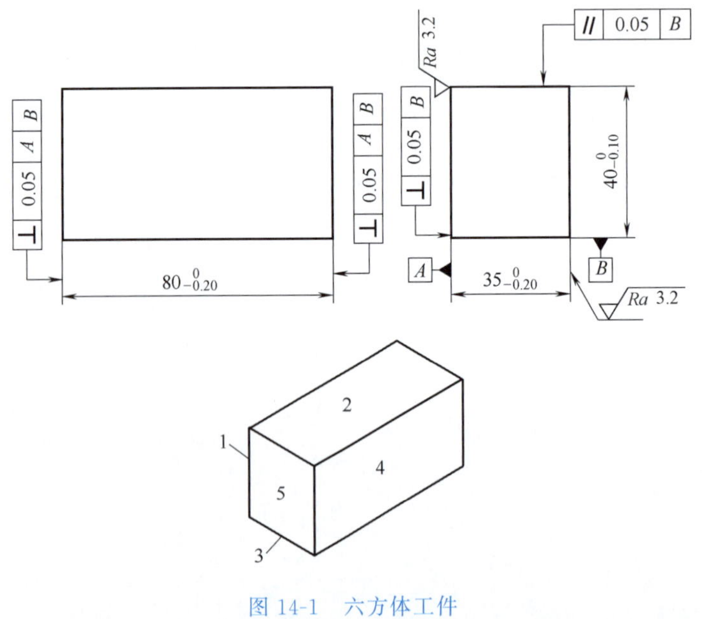

图 14-1　六方体工件

任务　铣削平面

一、铣削用量

铣削是利用铣刀旋转、工件相对铣刀做进给运动来进行切削的。刀具和工件之间的相对运动叫铣削运动。铣削运动通常分为主运动和进给运动。主运动是将切屑切下所必需的基本运动。在铣削运动中，铣刀的旋转是主运动。进给运动是使新的切削层不断投入切削，以逐渐切出整个工件表面的运动。在铣削运动中，工件的运动是进给运动。

1. 吃刀量 a

吃刀量是刀具切入工件的深度，铣削中的吃刀量分为背吃刀量 a_p 和侧吃刀量 a_e。

① 背吃刀量 a_p（铣削深度）是指通过切削刃基点并垂直于工作平面的方向上测量的吃刀量。它是平行于铣刀轴线方向测量的切削层尺寸，单位是 mm。

② 侧吃刀量 a_e（铣削宽度）是指通过切削刃基点，平行于工作平面并垂直于进给运动方向上测量的吃刀量。它是垂直于铣刀轴线测量方向的切削层尺寸，单位是 mm。

2. 铣削速度 v_c

铣刀刃上离中心最远的一点，在 1min 内所走过的距离称为铣削速度，用符号 v_c 表示，单位为 m/min，铣削速度和铣床主轴转速之间有如下关系：

$$v_c=\frac{\pi d_0 n}{1000}$$

式中　v_c——铣削速度，m/min；

d_0——铣刀直径，mm；

n——铣床主轴转速，r/min。

3. 进给量 f

刀具在进给运动方向上相对工件的位移量，可用刀具或工件每转或每行程的位移量来表述和度量。进给量的三种表示方法如下。

（1）每齿进给量 f_z

多齿刀具每转或每行程中每齿相对工件在进给运动方向上的位移量，用符号 f_z 表示，单位为 mm/z。

（2）每转进给量 f_r

铣刀每转一转，工件相对铣刀所移动的距离称为每转进给量，用符号 f_r 表示，单位为 mm/r。

（3）每分钟进给量 v_f

在 1min 内，工件相对铣刀所移动的距离称为每分钟进给量，用符号 v_f 表示，单位为 mm/min。每分钟进给量是调整铣床进给速度的依据。

这三种进给量之间的关系为：

$$v_f=f_r n=f_z z n$$

式中　z——铣刀齿数；

n——铣刀转速，r/min。

二、铣削用量的选择

在铣削过程中，影响刀具寿命最显著的因素是铣削速度，其次是进给量，切削深度的影响最小。所以，为了提高生产率，粗加工时应优先采用较大的吃刀量，其次是选择较大的进给量，最后才是根据刀具寿命要求，选择适宜的铣削速度；半精铣加工的余量为 0.5～2mm，背吃刀量选择范围为 0.5～2mm，铣削速度选较大值，进给选较小值；精加工时应优先选择较高的铣削速度且兼顾刀具的寿命，其次选择较小的进给量，最后是留合理的精铣余量，以保证加工精度和表面粗糙度。

1. 背吃刀量 a_p（铣削深度）的选择

在铣削加工中，一般是根据工件切削层的尺寸来选择铣刀的背吃刀量 a_p。当加工余量不大时，应尽量一次进给铣去全部加工余量。只有当工件的加工精度要求较高时，才分粗铣和精铣进行。具体数值的选取可参考表 14-1。

表 14-1　铣削深度的选取　　单位：mm

工件材料	高速钢铣刀		硬质合金铣刀	
	粗铣	精铣	粗铣	精铣
铸铁	5～7	0.5～1	10～18	1～2
软钢	＜5	0.5～1	＜12	1～2
中硬钢	＜4	0.5～1	＜7	1～2
硬钢	＜3	0.5～1	＜4	1～2

2. 每齿进给量 f_z 的选择

粗加工时，限制进给量提高的主要因素是切削力。进给量主要根据铣床进给机构的强度、刀杆刚度、刀齿强度以及铣床、工件系统的刚度来确定。在强度、刚度许可的条件下，进给量应尽量选取大些。

精加工时，限制进给量提高的主要因素是表面粗糙度。为了减少工艺系统的振动，减小已加工表面的残留面积高度，一般选取较小的进给量。每齿进给量的选择可参考表 14-2。

表 14-2　每齿进给量的选取　　单位：mm/z

刀具名	高速钢铣刀		硬质合金铣刀	
	铸铁	钢件	铸铁	钢件
圆柱铣刀	0.12～0.20	0.10～0.15	0.2～0.5	0.08～0.20
立铣刀	0.08～0.15	0.03～0.06	0.2～0.5	0.08～0.20
套式铣刀	0.15～0.20	0.06～0.10	0.2～0.5	0.08～0.20
三面刃铣刀	0.15～0.25	0.06～0.08	0.2～0.5	0.08～0.20

3. 铣削速度 v_c 的选择

切削深度和每齿进给量确定后，在保证合理的刀具寿命的前提下确定铣削速度。

粗铣时，确定铣削速度必须考虑到铣床的许用功率。如果超过铣床许用功率，则应适当降低铣削速度。

精铣时，一方面考虑合理的铣削速度，以抑制积屑瘤产生，提高表面质量；另一方面，由于刀尖磨损往往会影响加工精度，因此应选用耐磨性较好的刀具材料，并尽可能使之在最佳铣削速度范围内工作。

铣削速度可在表 14-3 推荐的范围内选取，并根据实际情况进行试切后加以调整。

表 14-3　铣削速度的选取

工件材料	铣削速度		说明
	高速钢铣刀	硬质合金铣刀	
20 钢	20～45	150～190	①粗铣时取小值，精铣时取大值 ②工件材料强度和硬度较高时取小值，反之取大值 ③刀具材料耐热性好时取大值，反之取小值
45 钢	20～35	120～150	
40Cr	15～25	60～90	
HT150	1～422	70～100	
黄铜	30～60	120～200	
铝合金	112～300	400～600	
不锈钢	16～25	50～100	

三、铣削方式

铣削方式对工件的加工质量、铣削的平稳性、铣刀的耐用度及生产效率有很大的影响，铣削时应根据它们各自的特点采用合适的铣削方式。

1. 周铣

用分布于铣刀圆柱面上的刀齿铣削工件表面，称为周铣。周铣有两种铣削方式：逆铣和顺铣。铣削时，铣刀切入工件时的切削速度方向与工件进给方向相同，称为顺铣，如图 14-2（a）所示。铣削时，铣刀切入工件时的切削速度方向与工件进给方向相反，称为逆铣，如图 14-2（b）所示。

顺铣和逆铣相比，顺铣时，刀齿每次都是从工件外表切入金属材料，所以不宜用来加工有硬皮的工件。顺铣有利于高速铣削，能提高工件表面的加工质量，并有助于工件夹持稳固，但它只能应用在装有能消除工作台进给丝杠与螺母之间间隙的这样一种机构的铣床上，且是对没有硬皮的工件进行加工，因而在一般情况下都是采用逆铣法加工。

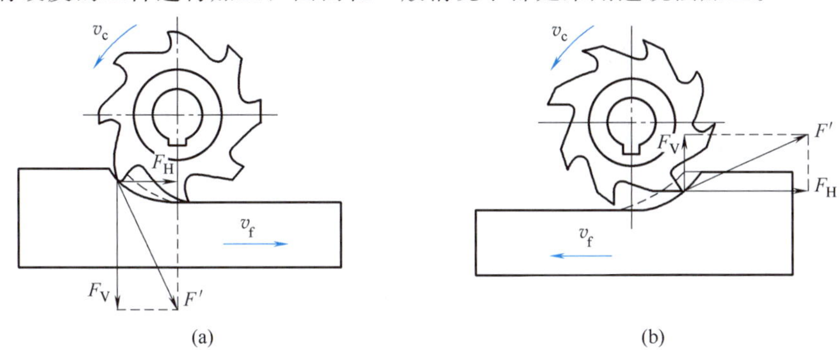

图 14-2　顺铣与逆铣

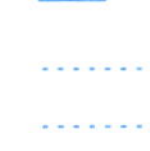

2. 端铣

用位于铣刀端平面上的刀齿进行铣削的称为端铣，如图 14-3 所示，图中 a_f 为每齿进给量。目前，在平面铣削中，端铣基本上代替了周铣，但周铣可以加工成形表面和组合表面。

四、铣削平面的方法

1. 用端铣刀铣矩形零件

端铣刀一般用于立式铣床铣平面，也可用在卧式铣床上铣侧面。

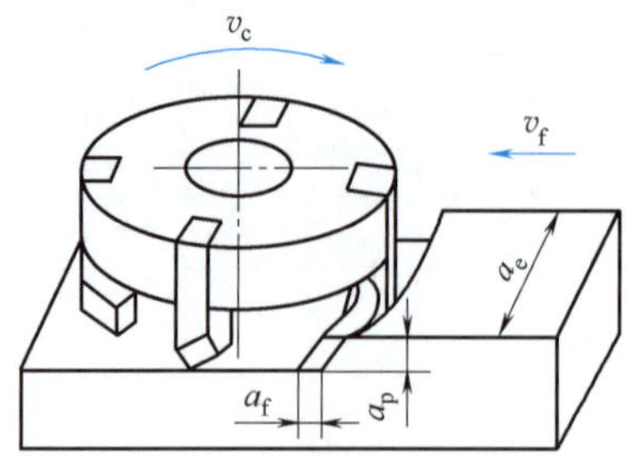

图 14-3　端铣

2. 用立铣刀铣矩形零件

一般选用大直径的立铣刀在立式铣床上铣平面，也可用在卧式铣床上铣平面。

3. 六方体零件加工时的定位基准

矩形零件加工时，应选一个较大的面或图样上规定的设计基准面作为定位基准面，这个面必须是第一个需要安排加工的表面。加工其他各个表面时，都以这个基准面为基准进行加工。加工过程中，始终将这个定位基准面靠向平口钳的固定钳口或钳体导轨面，以保证其他各个表面与这个基准面的垂直度和平行度要求。否则，就不可能加工出合乎要求的六方体零件。

4. 确定定位基准面和加工顺序

选择设计基准面 1 作为定位基准面，加工顺序如下：

① 铣削基准面 1，选毛坯上面积最大的平面作为基准面。

② 铣削平面 2、3，在活动钳口上加垫圆棒以增加安装稳定性。

③ 用同样方法铣平面 4，在活动钳口上加垫圆棒以增加安装稳定性。

④ 铣削平面 5、6，用直角尺校正 2、3 面与工作台面的垂直度。

5. 铣削过程

移动工作台使工件位于盘铣刀（圆柱铣刀亦可）下面开始对刀。对刀时，先启动主轴，再摇动升降台进给手柄，使工件慢慢上升，当铣刀微触工件后，在升降刻度盘上做记号，然后降下工作台，再纵向退出工件，按坯件实际尺寸，调整铣削层深度。余量小时可一次进给铣削至尺寸要求，否则可分粗铣和精铣。对刀后，应采用逆铣法加工至图样要求。

五、任务实施

1. 准备工作

① 看图（图 14-1）了解加工内容，并测量工件加工余量。

② 安装好铣刀，并装夹好工件。

③ 选择好切削用量，根据所需的转速、进给量和背吃刀量，调节好铣床手柄的位置。

2. 操作步骤

（1）铣床

选用 X5032 立式铣床。

（2）铣刀

选用直径 $D=100$mm、齿数 $Z=6$ 的硬质合金端铣刀，刀片材料为 YT14；立铣刀。

（3）工件的装夹

采用平口钳装夹，并用圆柱棒进行安装，找正并夹紧。

（4）切削用量

粗铣时，$n=475\mathrm{r/min}$，$v_f=475\mathrm{mm/min}$，$a_p=4\sim5\mathrm{mm}$；精铣时，$n=750\mathrm{r/min}$，$v_f=300\mathrm{mm/min}$，$a_p=0.4\sim0.6\mathrm{mm}$。

（5）铣削方法

采用不对称逆铣，铣刀中心与工件中心的位移量取 $K\approx0.1D\approx10\mathrm{mm}$，先依次粗铣六面，然后按同样的顺序精铣六面。

（6）铣削六面。

① 铣削面 1。

② 铣削面 2，以面 1 为精基准进行定位，加工平面 2，保证其垂直度。

③ 铣削面 3，以面 1 为精基准加工面 3。

④ 铣削面 4，以面 1 靠向平行垫铁，面 3 靠向固定钳口装夹工件，加工面 4。其中要注意清理毛刺，以免影响工件定位与夹持的可靠性。

⑤ 调整并校正固定钳口与铣床主轴轴线平行；选择并安装立铣刀；装夹工件；调整切削用量。

⑥ 铣削面 5，面 1 靠向固定钳口，用百分表校正面 2 与平口钳导轨平行，铣削面 5。

⑦ 铣削面 6，面 2 靠向固定钳口，面 1 靠向平口钳导轨面，用百分表校正面 4 与平口钳导轨平行，铣削面 6，保证长度尺寸。

3. 注意事项

① 铣削前先检查刀盘、铣刀头、工件装夹是否牢固，铣刀头的安装位置是否正确。装夹工件时要注意在钳口与工件间垫铜皮。

② 铣刀旋转后，应检查铣刀的旋转方向是否正确。

③ 调整切削深度时应开车对刀。

④ 进给中途，不准停止主轴旋转和工作台自动进给，遇有问题应先降落工作台，再停止主轴旋转和工作台自动进给。

⑤ 进给中途不准测量工件。

⑥ 切屑应飞向床身，以免烫伤人。

⑦ 对刀试切调整安装铣刀头时，注意不要损伤刀片刃口。

⑧ 调整切削深度时，若手柄摇过头，应注意消除丝杠和螺母间隙，以免铣错尺寸。

⑨ 若采用六把铣刀头，可将刀头安装成台阶状切削工件。

4. 考核评价

六面体加工评分标准见表 14-4。

表 14-4　六面体加工评分标准

序号	考核项目及要求		评分标准	配分	互检	质检	评分
1	尺寸精度	$80_{-0.20}^{\ 0}$	超差不得分	15			
2		$40_{-0.10}^{\ 0}$	超差不得分	15			
3		$50_{-0.10}^{\ 0}$	超差不得分	15			
	形位公差	⊥ 0.05 B	超差不得分	5			
		⊥ 0.05 A B	超差不得分	5			
		// 0.05 B	超差不得分	10			

续表

序号	考核项目及要求		评分标准	配分	互检	质检	评分
4	表面粗糙度	$Ra \leqslant 3.2\mu m$（2处）	每处超差扣2分	10			
		$Ra \leqslant 6.3\mu m$（4处）	每处超差扣2分	10			
5	管理	安全文明 及现场管理	违反一次扣2分	15			
合计				100			

姓名　　　　学号　　　　班级　　　　分数

练习题

一、选择题

1. 圆周顺铣时，刀齿切入的厚度是（　　）切入工件。

A. 由零到大　　B. 不变　　C. 由大到零　　D. 先由大到小，再由小到大

2. 圆周顺铣主要适用于加工（　　）。

A. 刚性差的工件　　B. 精度要求低的工件

C. 刚性好的工件　　D. 精度要求高的工件

3. 铣削用量包括（　　）。

A. 铣削速度、进给量、铣削深度

B. 铣削速度、进给量、铣削宽度

C. 铣削速度、铣削宽度、铣削深度

D. 铣削速度、进给量、铣削深度和铣削宽度

二、判断题

1. 铣刀旋转后，应检查铣刀的旋转方向是否正确。（　）

2. 对刀时，先启动主轴，再摇动升降台进给手柄，使工件慢慢上升，当铣刀微触工件后，在升降刻度盘上做记号，然后降下工作台，再纵向退出工件，按坯件实际尺寸，调整铣削层深度。（　　）

项目十五

铣削斜面体工件和轴上键槽工件

学做目标：

1. 掌握铣削斜面和键槽的方法和步骤；
2. 能熟练操作铣床完成斜面和键槽的加工，并保证相关技术要求；
3. 掌握行业标准与规范的查阅与使用；
4. 能查阅有关资料和自我学习，并能灵活运用理论知识解决实际问题；
5. 能具有良好的思想道德素质和健康的心理，能够承受较强的工作负荷及工作、生活中的各种压力；
6. 能具有职业健康、环保、安全、创新、创业意识和团队协作、独立工作、应对突发事件等能力。

机械加工任务：

铣削斜面工件如图 15-1 所示；铣削轴上键槽工件如图 15-2 所示。

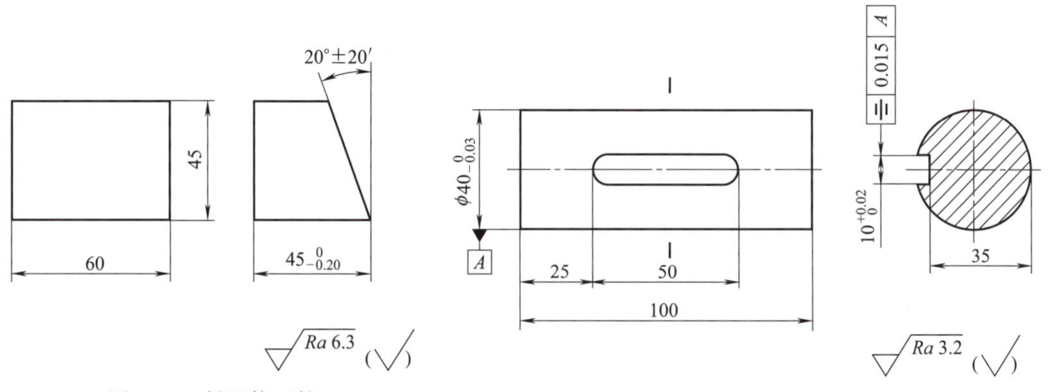

图 15-1 斜面体工件

图 15-2 轴上键槽工件

任务一 铣削斜面体工件

铣削斜面实质上也是铣削平面，只是需要把工件或者铣刀倾斜一个角度进行铣削，或者采用角度铣刀铣削。它是铣床加工的基本工作内容之一，也是进一步掌握铣削其他各种复杂表面的基础，其质量的好坏主要由平面度和表面粗糙度来衡量。

一、斜面的铣削方法

斜面的铣削方法有工件倾斜铣斜面、铣刀倾斜铣斜面和角度铣刀铣斜面三种。

1. 工件倾斜铣斜面

在立式或卧式铣床上，铣刀无法实现转动角度的情况下，可以将工件倾斜所需角度安装进行铣削斜面。常用的方法有以下几种：

① 在单件生产中，常用划线校正工件的装夹方法来实现斜面的铣削。

② 利用机用虎钳钳体调转所夹工件的角度也可实现斜面的铣削。安装机用虎钳时必须校正固定钳口与主轴轴线的垂直度与平行度（对卧式铣床来说），或固定钳口与工作台纵向进给方向的垂直度与平行度，然后再按角度要求将钳体转到刻度盘上的相应位置，就可以铣削所要的斜面了。

③ 利用倾斜垫铁装夹工件加工斜面如图 15-3 所示。

④ 利用倾斜分度头装夹工件加工斜面如图 15-4 所示。

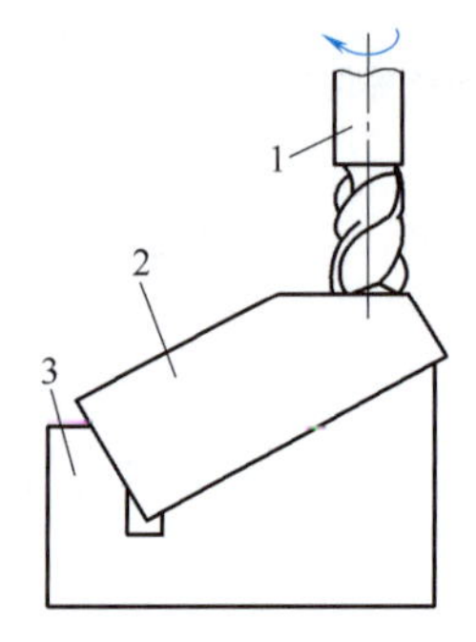

图 15-3　用倾斜垫铁装夹工件

1—铣刀；2—工件；3—斜垫铁

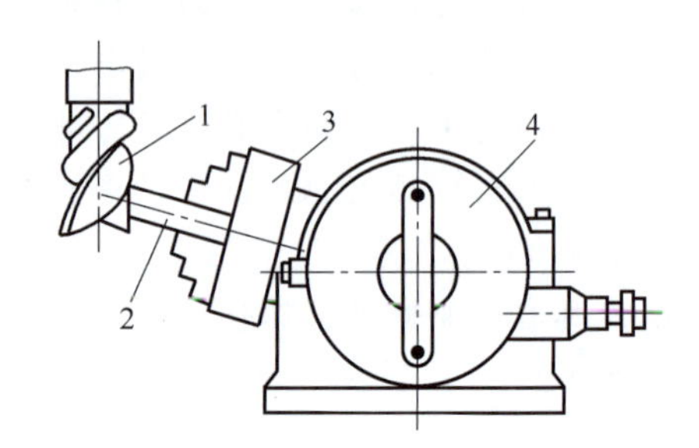

图 15-4　用倾斜分度头装夹工件

1—铣刀；2—工件；3—夹盘；4—万能分度头

2. 铣刀倾斜铣斜面

在立铣头可偏转的立式铣床、装有立铣头的卧式铣床、万能工具铣床上均可将端铣刀、立铣刀按要求偏转一定角度进行斜面的铣削，如图 15-5 所示。

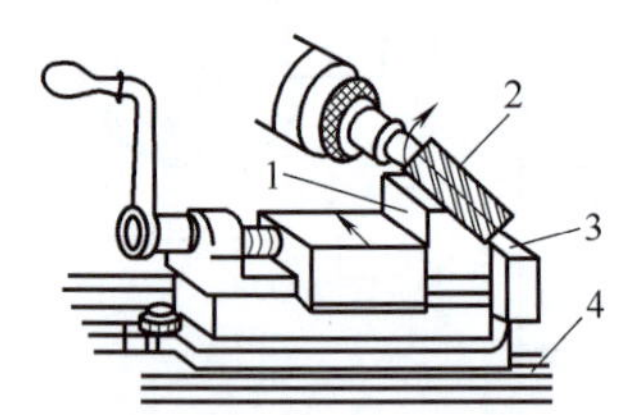

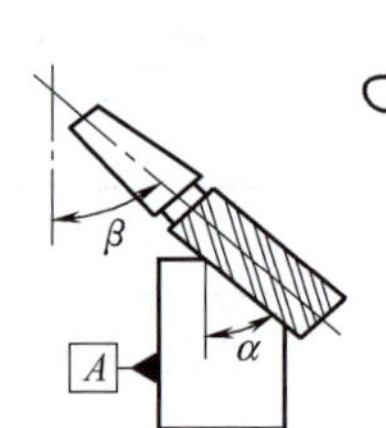

(a) 立铣刀倾斜铣斜面

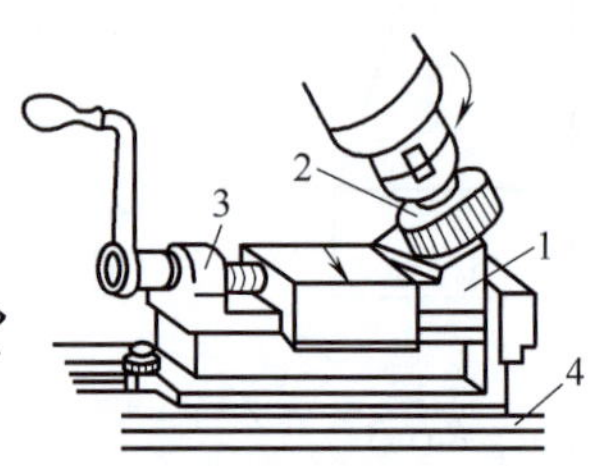

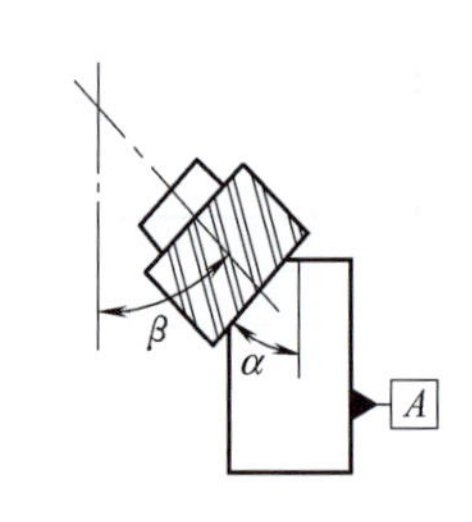

(b) 端铣刀倾斜铣斜面

图 15-5　立铣刀和端铣刀倾斜铣斜面

1—工件；2—铣刀；3—平口钳；4—工作台

3. 角度铣刀铣斜面

切削刃与轴线倾斜成某一角度的铣刀称为角度铣刀，斜面的倾斜角度由角度铣刀保证。用角度铣刀铣削斜面只适用于宽度不大的斜面，选择的铣削用量应比圆柱形铣刀小，尤其是每齿进给量更要适当减小。

二、任务实施

铣削斜面时，按如下步骤操作。

1. 准备工作

① 读工件图样（图 15-1），测量工件加工余量。

② 装夹好工件，根据斜面的宽度，选用 ϕ63mm 的套式立铣刀在 X5032 立式铣床上采用端铣法加工。

③ 选择切削用量，粗铣时，$n=118\text{r/min}$，$v_f=118\text{mm/min}$，$a_p=4\sim5\text{mm}$；精铣时，$n=150\text{r/min}$，$v_f=95\text{mm/min}$，$a_p=0.4\sim1\text{mm}$。调节好铣床手柄的位置，并分粗、精铣加工。

2. 操作步骤

① 工件装夹与找正。选用平口钳，将工件横放装夹在钳口中，使工件的底面与平口钳导轨面平行。

② 主轴转角调整。调整时，将主轴回转盘上 20°刻线与固定盘上的基准线对准后紧固。

③ 对刀。操纵相关手柄，改变工作台及工件位置。目测套式立铣刀，使之处于工件的中间位置后，紧固纵向工作台。开动机床并横向、垂向移动工作台，使铣刀端齿与工件的最高点相接触。在垂向刻度盘上做好记号，然后下降工作台，退出工件。

④ 粗铣斜面。根据刻度盘上的记号，分两次升高垂向工作台进行粗铣加工；每次约 4.5mm，留精铣余量约 1mm。

⑤ 精铣斜面。一般在粗铣后，须经测量确定精铣加工的实际余量；然后精铣斜面，使工件符合图纸要求。

3. 斜面的测量

测量斜面的角度，对一般要求的斜面用游标万能角度尺测量，精度要求较高的斜面可用正弦规测量。

4. 操作注意事项

① 铣削时注意铣刀的旋转方向是否正确。

② 铣削时，切削力应靠向平口钳的固定钳口。

③ 用端铣刀或立铣刀端面刃铣削时，注意顺逆铣；注意走刀方向，以免因顺铣或走刀方向搞错而损坏铣刀。

④ 不使用的进给机构应紧固，工作完毕后应松开。

⑤ 装夹工件时注意不要夹伤已加工表面。

5. 考核评价

斜面工件的铣削评分标准见表 15-1。

表 15-1 斜面工件的铣削评分标准

序号	考核项目及要求		评分标准	配分	互检	质检	评分
1	尺寸精度	$45_{-0.20}^{0}$	超差扣 10 分	20			
2		60	超差扣 5 分	10			
3		45	超差扣 5 分	10			
4		20±20′	超差扣 6 分	18			

续表

序号	考核项目及要求		评分标准	配分	互检	质检	评分
5	表面 粗糙度	$Ra \leqslant 6.3$(六处)	超差不得分	12			
6	管理	安全文明 及现场管理	违反一次扣5分	30			
合计				100			

姓名　　　　学号　　　　班级　　　　分数

铣键槽

任务二　铣削轴上键槽工件

铣削轴上键槽工件如图15-2所示。通过轴上键槽工件的加工练习，学生进一步掌握铣床的操作、刀具的选择及安装方法；熟悉铣床附件及工件的安装方法；掌握铣削键槽的加工方法和操作步骤。

轴上的键槽俗称轴槽，轴上零件（即套类零件）的键槽俗称轮毂槽。平键连接中轴槽与轮毂槽都是直角沟槽。轴上键槽多用铣削的方法加工。轴上键槽还有通槽、半通槽、封闭槽等。

一、轴上键槽的铣削方法

轴上键槽的两侧面与平键两侧面相配合，用于传递转矩。它有通槽、半通槽和封闭槽三种，如图15-6所示。

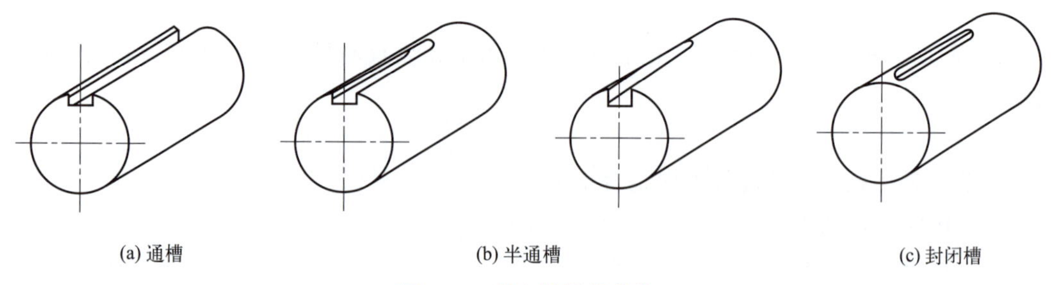

图15-6　轴上键槽的种类

1. 工件的装夹及校正

装夹工件时，要保证键槽中心线与轴心线重合。铣键槽的装夹方法一般有以下几种。

（1）用机用虎钳安装

如图15-7（a）所示，用机用虎钳安装适用于在中小短轴上铣键槽。如图15-7（b）所示，适用于单件或批量生产。

（2）用V形铁装夹

图15-8所示为V形铁的装夹情况。V形铁装夹适用于长粗轴上的键槽铣削，采用V形铁定位支撑的优点为夹持刚度好，操作方便，铣刀容易对中。

（3）工件的校正

如图15-9所示，要保证键槽两侧面和底面都平行于工件轴线，就必须使工件轴线既平行于工作台的纵向进给方向，又平行于工作台台面。用机用虎钳装夹工件时，用百分表校正

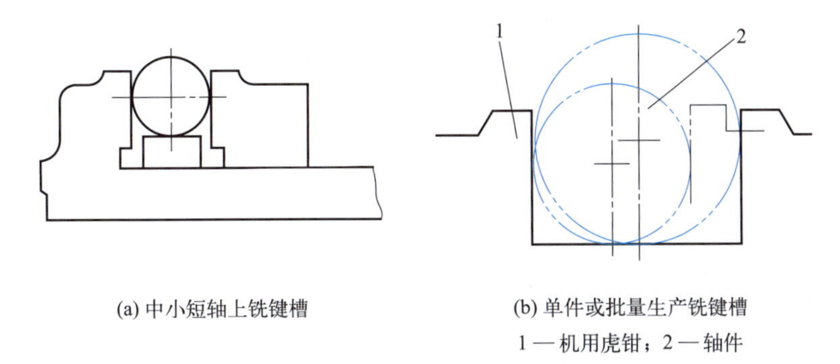

图 15-7 机用虎钳装夹轴类零件

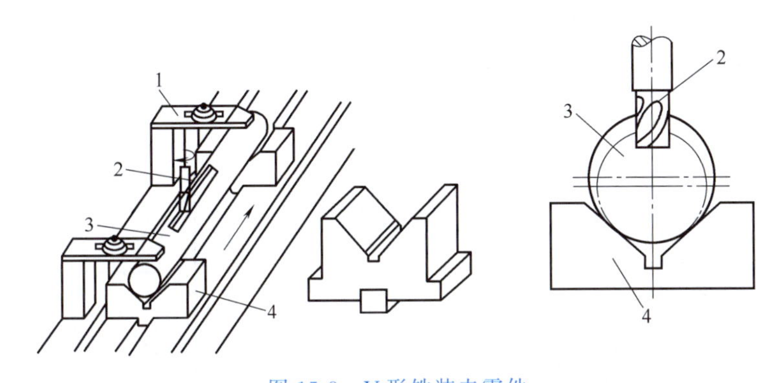

图 15-8 V 形铁装夹零件

1—压板；2—键槽铣刀；3—轴件；4—V 形铁

固定钳口与纵向进给方向平行，再校正工件上母线与工作台台面平行；用 V 形铁和分度头装夹工件时，既要校正工件母线与纵向进给方向平行，又要校正工件上母线与工作台台面平行。在装夹长轴时，最好用一对尺寸相等且底面有键的 V 形铁，以节省校正时间。

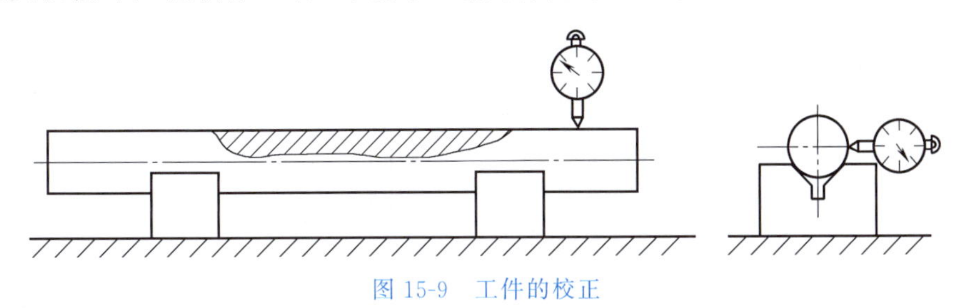

图 15-9 工件的校正

2. 铣削键槽的铣刀选择

铣削键槽的过程中，对铣刀的要求是较为严格的，它直接影响到键槽的精度和表面粗糙度。通常，铣削敞开式键槽是用三面刃盘铣刀；铣削封闭式键槽是用立铣刀或键槽铣刀。

3. 调整铣刀切削位置

铣键槽时，调整铣刀与工件相对位置（对中心），使铣刀旋转轴线对准工件轴线，是保证键槽对称性的关键。常用的对中心方法如下。

（1）擦边对中心

如图 15-10 所示，先在工件侧面贴张薄纸，用干净的液体作为黏液粘住，开动铣床，当铣刀擦到薄纸后，向下退出工件，再横向移动铣刀。

用键槽铣刀或者立铣刀时，移动距离 A 为

$$A=\frac{D+d}{2}+\delta$$

式中 A——工作台移动距离，mm；

D——工件直径，mm；

d——铣刀直径，mm；

δ——纸厚，mm。

（2）切痕对中心

先把工件大致调整到铣刀的中心位置上，开动铣床，在工件表面上切出一个接近铣刀宽度的椭圆形切痕，然后移动横向工作台，使铣刀落在椭圆的中间位置。

键槽铣刀切痕对中心法如图 15-11 所示，开动铣床，在工件表面上切出一个接近键槽铣刀的切痕（边长等于铣刀直径的正方形小平面）。对中心时，使铣刀在旋转时落在小平面的中间位置。

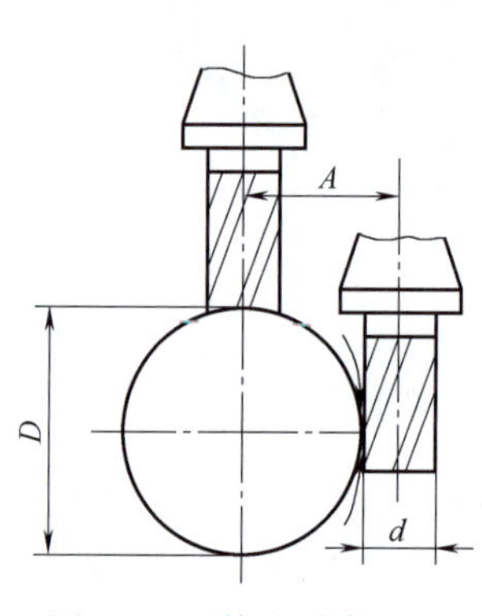

图 15-10 擦边对中心法

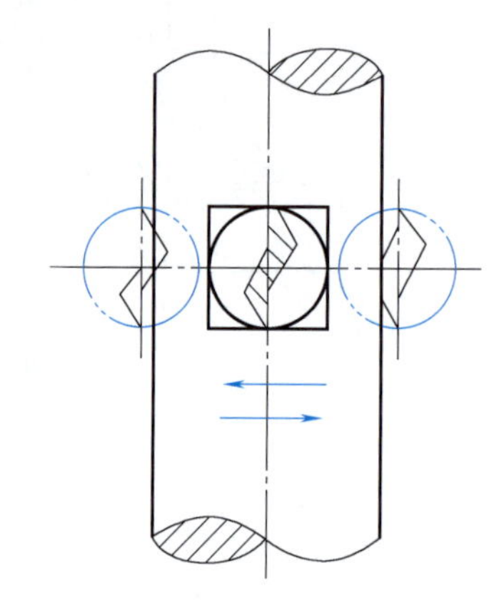

图 15-11 键槽铣刀切痕对中心法

（3）百分表对中心

图 15-12（a）所示为工件装夹在机用虎钳内加工键槽。此时，可将杠杆百分表装在铣床主轴上，用手转动主轴，观察百分表在钳口两侧 a、b 两点的读数，若读数相等，则铣床主轴轴线对准了工件轴线。这种对中心法较精确。图 15-12（b）所示为工件装在 V 形铁或分度头上铣削键槽。移动工作台，使百分表在 a、b 两点的数值相等，即对准中心。

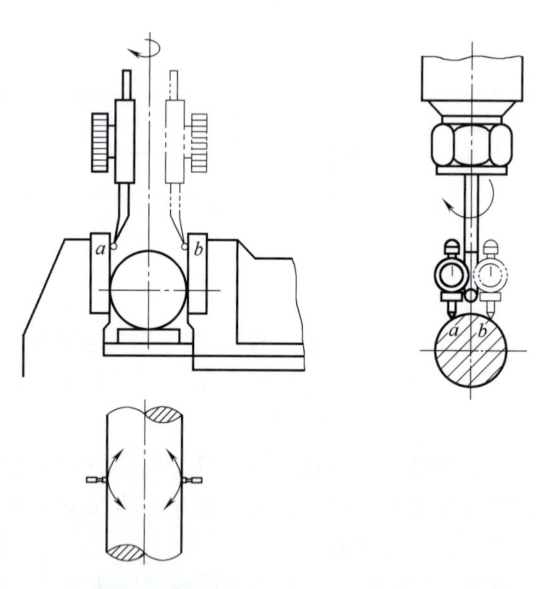

(a) 用机用虎钳装夹　　(b) 用分度头装夹

图 15-12 百分表对中心法

4. 键槽的铣削

轴上的通槽和槽底一端是圆弧形的半通槽，一般选用盘形槽铣刀铣削，轴槽的宽度由铣刀宽度保证，半通槽一端的槽底圆弧半径由铣刀半径保证。轴上的封闭槽和槽底一端是直角的半通槽，用键槽铣刀

铣削，并按轴槽的宽度尺寸来确定键槽铣刀的直径。

（1）分层铣削法

图 15-13 所示为分层铣削法。用这种方法加工，每次铣削深度只有 0.5～1mm，以较大的进给速度往返进行铣削，直至达到深度尺寸要求。

使用此加工方法的优点是铣刀用钝后，只需刃磨端面，磨短不到 1mm，铣刀直径不受影响；铣削时不会产生“让刀”现象；但在普通铣床上进行加工时，操作的灵活性不好，生产效率反而比正常切削时更低。

（2）扩刀铣削法

图 15-14 所示为扩刀铣削法。将选择好的键槽铣刀外径磨小 0.3～0.5mm（磨出的圆柱度要好）。铣削时，在键槽的两端各留 0.5mm 余量，分层往复走刀铣至深度尺寸，然后测量槽宽，确定宽度余量，用符合键槽尺寸的铣刀由键槽的中心对称扩铣槽的两侧至尺寸，并同时铣至键槽的长度。铣削时注意保证键槽两端圆弧的圆度。这种铣削方法容易产生“让刀”现象，使槽侧产生斜度。

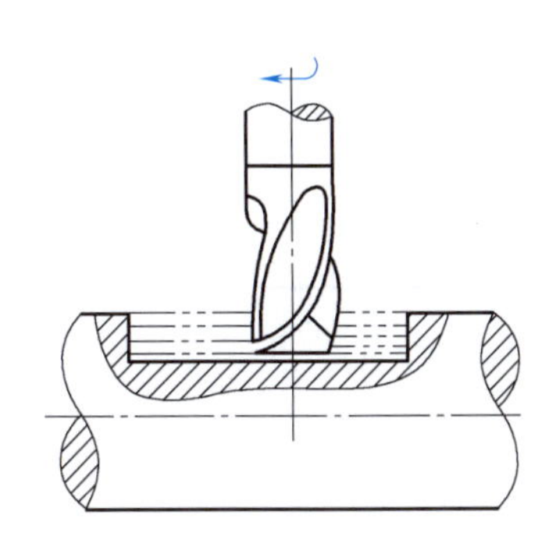

图 15-13　分层铣削法

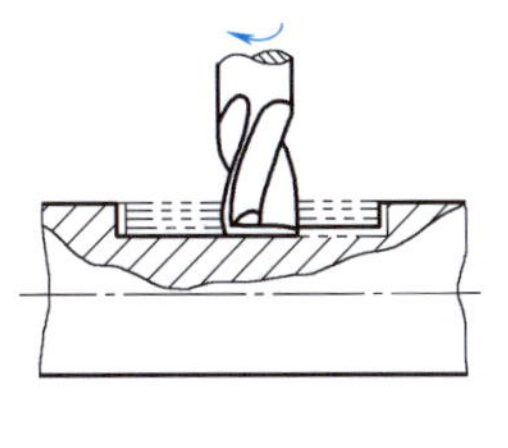

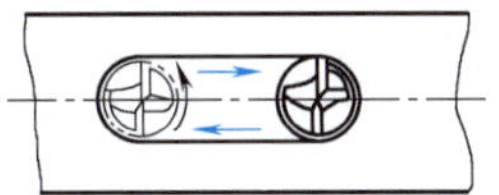

图 15-14　扩刀铣削法

二、任务实施

1. 准备工作

① 选择 X5032 立式铣床、铣床用平口钳及相关工具、量具、辅具等。

② 划线、装夹工件。

③ 选择并安装铣刀。

④ 选择铣削用量。按工件材料（45 钢）、表面粗糙度要求和铣刀参数，调整主轴转速 $n=750\text{r/min}$（$v_f=23.6\text{m/min}$），进给量 $f=47.5\text{mm/min}$。

2. 操作步骤

在立式铣床上铣键槽。

① 安装平口钳，校正固定钳口与工作台纵向进给方向平行。选择好键槽铣刀，安装铣夹头和铣刀。

② 试铣检查铣刀尺寸。

③ 安装并校正工件。

④ 工件上划线。

⑤ 中心铣削。

⑥ 测量后卸下工件。

3. 操作注意事项

① 铣键槽前，应认真检查铣刀尺寸，试铣合格后再加工工件。

② 铣削用量要合适，避免产生“让刀”现象，以免将槽铣宽。

③ 铣削时不准测量工件，不准手摸铣刀和工件。

4. 考核评价

轴上键槽工件评分标准见表 15-2。

表 15-2　轴上键槽工件评分标准

序号	考核项目及要求		评分标准	配分	自检	交检	得分
1	尺寸精度	$10^{+0.02}_{0}$	超差扣 10 分	25			
2		35	超差扣 10 分	15			
3	形位公差	⌯ 0.15 A	超差扣 5 分	15			
4	表面粗糙度	Ra≤3.2(三处)	超差扣 5 分	15			
5	管理	安全文明及现场管理	违反一次扣 5 分	30			
合计				100			
姓名	学号	班级	分数				

练习题

一、选择题

1. 加工封闭式的直角沟槽时，主要采用（　　）。

A. 立铣刀　　B. 三面刃铣刀　　C. 端铣刀　　D. 键槽铣刀

2. 影响沟槽尺寸精度的主要因素有（　　）。

A. 铣刀尺寸不正确　　B. 出现“让刀”现象

C. 测量错误　　D. 操作方法不当

3. 铣削斜面实质上也是铣削平面，其质量的好坏主要由（　　）和表面粗糙度来衡量。

A. 垂直度　　B. 斜度　　C. 平面度

二、判断题

1. 精铣斜面一般在粗铣后，须经测量确定精铣加工的实际余量，然后精铣斜面，使铣削后的工件符合图纸要求。（　　）

2. 铣削中由于铣削用量太大而铣刀刚度不够而产生的铣刀实际位置偏离要求位置的现象，也即出现“让刀”现象，会使加工的零件产生尺寸误差和形状误差。（　　）

项目十六

工艺锤的加工

学做目标：

1. 掌握工艺锤的加工方法和步骤；
2. 掌握钻孔、攻螺纹与套扣的方法和步骤；
3. 能熟练操作机床独立完成工艺锤的加工，并保证相关技术要求；
4. 掌握行业标准与规范的查阅与使用；
5. 能查阅有关资料和自我学习，并能灵活运用理论知识解决实际问题；
6. 能具有良好的思想道德素质和健康的心理，能够承受较强的工作负荷及工作、生活中的各种压力；
7. 能具有职业健康、环保、安全、创新、创业意识和团队协作、独立工作、应对突发事件等能力。

机械加工任务：

独立加工符合技术要求的工艺锤，零件图如图 16-1 和图 16-2 所示。要求每人 2 学时。制订合理的工艺过程，并正确填写工艺文件，保证相关技术要求。

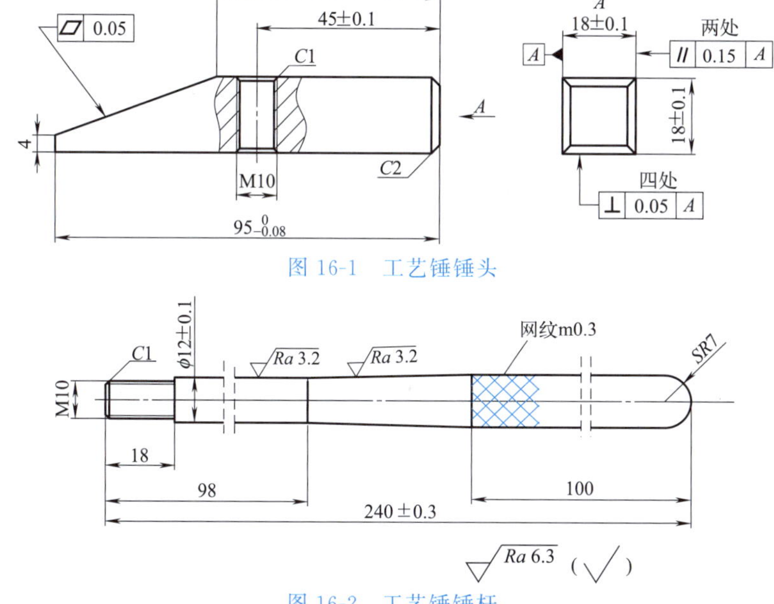

图 16-1 工艺锤锤头

图 16-2 工艺锤锤杆

任务　加工工艺锤

一、图样分析

1. 锤头

锤头（图 16-1）材料为 45 钢，毛坯为 ϕ25×98mm 圆钢。正火处理后先粗铣各平面尺寸，留有 1mm 的精铣余量，钻孔、攻螺纹。淬火＋低温回火后进行精铣，精铣时选择大平面为基准，再精铣其他各面，保证平面度、垂直度和表面粗糙度要求。

2. 锤杆

锤杆（图 16-2）材料为 45 钢，毛坯尺寸为 ϕ16×242mm。正火处理后先粗车各外圆尺寸，留有 0.2～0.5mm 的精车余量，锥度留有 0.5mm 精车余量。因加工精度不高，在选择车刀和切削用量时，应着重考虑生产率因素，粗加工可采用一夹一顶装夹，以承受较大的进给力；精加工可采用两顶尖装夹，以保证精度要求，然后倒角、滚花、车成型面，最后套扣。车外圆时可选择 45°或 90°硬质合金车刀，车端面选用 45°车刀。

二、加工准备

1. 毛坯

材料为 45 钢，锤头毛坯为 ϕ25×98mm 圆钢，锤杆毛坯为 ϕ16×242mm 圆钢。

2. 设备

CA6140A 车床，立式铣床，立式钻床。

3. 工艺装备

三爪卡盘，前后顶尖，鸡心夹头，90°硬质合金车刀，45°硬质合金车刀，切断刀，滚花刀，端铣刀、键槽铣刀，钻头，丝锥与板牙，划针，平台与方箱等。

4. 量具

游标卡尺、千分尺、高度游标卡尺、百分表等。

三、工艺路线拟定

1. 加工方案

（1）锤柄的车削步骤

下料→正火→三爪卡盘装夹→车端面→钻中心孔→一夹一顶装夹→粗车、精车（ϕ12×90mm、ϕ10×18mm）→调小拖板角度（2°）→粗车、精车圆锥面→粗车、精车外圆（ϕ14×100mm）→滚花（ϕ14×100mm）→车成型面→倒角→套扣（M10 板牙）→调头装夹→车半球面→检验。

（2）锤头的铣削步骤

装夹→铣锤头端面（1mm）→调头铣锤头另一端面（1mm）→装夹→铣平面（1mm）→铣相邻任意一平面（1mm）→划线→铣另外两平面（1mm）→划线→铣斜面→划线、打冲眼→钻孔（ϕ8.7 钻头）→攻螺纹（M10 头锥、二锥）→倒角→淬火处理＋低温回火→装配→检验。

2. 工艺过程拟定

锤头的加工工艺过程见表 16-1，锤杆的加工工艺过程见表 16-2。

表 16-1　锤头的加工工艺过程

工序号	工序内容	定位基准
工序 1	下料	
工序 2	粗铣各平面、斜面、端面	平面
工序 3	划线、打样冲眼、钻孔	
工序 4	攻螺纹	
工序 5	淬火＋低温回火	
工序 6	精铣各平面、斜面、端面	平面
工序 7	检验	

表 16-2　锤杆的加工工艺过程

工序号	工序内容	定位基准
工序 1	下料	
工序 2	正火	
工序 3	车端面、钻中心孔	外圆柱面
工序 4	粗车、精车各外圆、圆锥，滚花、倒角、车半球面	中心孔
工序 5	套扣	
工序 6	检验	

四、填写工艺文件

工艺锤的机械加工工艺过程卡见表 16-3。

表 16-3　机械加工工艺过程卡

<table>
<tr><td colspan="2" rowspan="2">××职院</td><td colspan="5" rowspan="2">机械加工工艺
过程卡</td><td colspan="2">产品型号</td><td colspan="2"></td><td colspan="3">零件图号</td><td colspan="2"></td><td colspan="2">共　　页</td></tr>
<tr><td colspan="2">产品名称</td><td colspan="2"></td><td colspan="3">零件名称</td><td colspan="2"></td><td colspan="2">第　　页</td></tr>
<tr><td>材料
牌号</td><td colspan="2"></td><td colspan="4">毛坯种类　毛坯
外形尺寸</td><td colspan="2"></td><td colspan="3">每毛坯
件数</td><td></td><td>每台
件数</td><td colspan="2"></td><td>备注</td><td></td></tr>
<tr><td rowspan="2">工序号</td><td colspan="2" rowspan="2">工序
名称</td><td colspan="4" rowspan="2">工序内容</td><td rowspan="2">车间</td><td rowspan="2">工段</td><td colspan="3" rowspan="2">设备</td><td colspan="4" rowspan="2">工艺
装备</td><td colspan="2">工时</td></tr>
<tr><td>准终</td><td>单件</td></tr>
<tr><td></td><td colspan="2"></td><td colspan="4"></td><td></td><td></td><td colspan="3"></td><td colspan="4"></td><td></td><td></td></tr>
<tr><td></td><td colspan="2"></td><td colspan="4"></td><td></td><td></td><td colspan="3"></td><td colspan="4"></td><td></td><td></td></tr>
<tr><td></td><td colspan="2"></td><td colspan="4"></td><td></td><td></td><td colspan="3"></td><td colspan="4"></td><td></td><td></td></tr>
<tr><td></td><td colspan="2"></td><td colspan="4"></td><td></td><td></td><td colspan="3"></td><td colspan="4"></td><td></td><td></td></tr>
<tr><td></td><td colspan="2"></td><td colspan="4"></td><td></td><td></td><td colspan="3"></td><td colspan="4"></td><td></td><td></td></tr>
<tr><td></td><td colspan="2"></td><td colspan="4"></td><td></td><td></td><td colspan="3"></td><td colspan="4"></td><td></td><td></td></tr>
<tr><td></td><td colspan="2"></td><td colspan="4"></td><td></td><td></td><td colspan="3"></td><td colspan="4"></td><td></td><td></td></tr>
<tr><td></td><td colspan="2"></td><td colspan="4"></td><td></td><td></td><td colspan="3"></td><td colspan="4"></td><td></td><td></td></tr>
<tr><td></td><td colspan="2"></td><td colspan="4"></td><td></td><td></td><td colspan="3"></td><td colspan="4"></td><td></td><td></td></tr>
<tr><td></td><td colspan="2"></td><td colspan="4"></td><td></td><td></td><td colspan="3"></td><td colspan="4"></td><td></td><td></td></tr>
<tr><td>班级</td><td colspan="3"></td><td>制定</td><td></td><td colspan="2">审核</td><td colspan="2"></td><td colspan="3">指导</td><td colspan="2"></td><td colspan="2">日期</td><td></td></tr>
</table>

五、任务实施

1. 组织方式

五位同学一组或独立制订合理的工艺过程。

2. 加工工艺锤

按照图纸的技术要求，使用机床设备及装备等独立加工工艺锤。

3. 车间管理

按车间6S要求做好各项工作，教师现场巡视和安全检查。

4. 注意事项

① 严格遵守安全操作规程；

② 注意安全，防止鸡心夹头钩衣伤人；

③ 鸡心夹头必须牢靠地夹住工件，以防车削时移动、打滑，损坏刀具。

5. 任务评价

工艺锤加工完成后，按“工艺锤加工评分标准”评定，见表16-4。

① 由2名质检员进行质量检验，并给出工艺锤工资（1000元为最高工资）。

② 交件后，再由老师进行质量检验并给出工艺锤工资，（质检＋终检)/2，为该名学生工艺锤工资，再除以10为该名学生工艺锤成绩。

表16-4 工艺锤加工评分标准

序号	考核项目	考核内容及要求	配分	评分标准	成绩	
					质检	终检
1	外圆尺寸	$\phi12$	10	超差扣5分		
2	形位公差	平面度	6	超差扣3分		
3		垂直度(4处)	20	超差扣5分		
4		平行度(2处)	10	超差扣5分		
5	尺寸精度	240	1	超差不得分		
6		95	1	超差不得分		
		55	1	超差不得分		
		45	1	超差不得分		
		18(4处)	4	超差扣4分		
7	表面粗糙度	$Ra\leqslant3.2\mu m$(2处)	4	每降一级扣2分		
8		$Ra\leqslant6.3\mu m$(6处)	6	每降一级扣1分		
9	倒角	C1(2处)	2	超差不得分		
10		C2(4处)	4	超差不得分		
11	工具、设备的使用保养与维护	正确、规范使用工具、量具；合理维护、保养工具、量具、刃具	5	不符合要求，酌情扣分		
12		正确、规范使用设备，合理维护、保养设备	5	不符合要求，酌情扣分		
13	安全文明生产	操作姿势正确，动作规范	5	不符合要求，酌情扣分		
14		符合安全操作规程	10	不符合要求，酌情扣分		
15	时间定额	45分钟	5	超过15分钟扣4分，超过30分钟为不合格		
合计			100			
姓名：	班级：	学号：	总分：			

模块三

传动轴加工

项目十七　丝堵的加工

项目十八　传动轴的加工

项目十七

丝堵的加工

学做目标：

1. 了解三角螺纹的种类和用途；
2. 掌握三角螺纹的各部分尺寸计算；
3. 掌握三角螺纹的车削方法及测量技术；
4. 能根据零件螺距选择车刀几何角度，合理选择螺纹刀具；
5. 能制订加工工艺进行螺纹工件的加工；
6. 掌握行业标准与规范的查阅与使用；
7. 能查阅有关资料和自我学习，并能灵活运用理论知识解决实际问题；
8. 能具有良好的思想道德素质和健康的心理，能够承受较强的工作负荷及工作、生活中的各种压力；
9. 能具有职业健康、环保、安全、创新、创业意识和团队协作、独立工作、应对突发事件等能力。

机械加工任务：

加工丝堵，如图 17-1 所示。

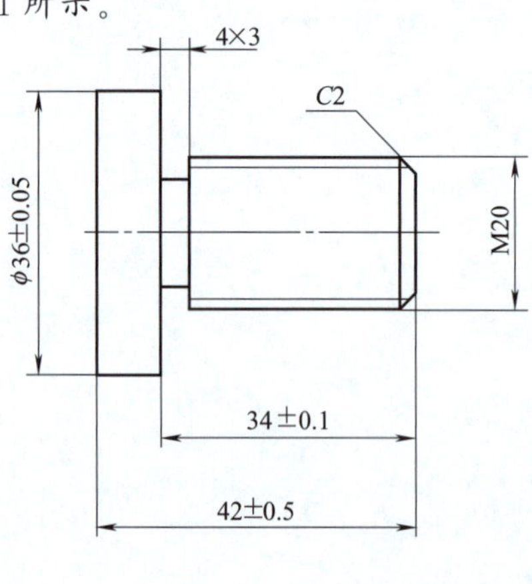

图 17-1 丝堵

任务　车丝堵

在机械制造业中，有许多零件都具有螺纹。螺纹既可以用于连接、紧固、调节及测量，又可以用来传递动力或改变运动形式，因此应用十分广泛。专业生产中常用滚压螺纹、轧螺纹及搓螺纹等先进工艺，而机械加工时常采用车削方法来加工螺纹。

一、螺纹的种类

所谓螺纹是指在圆柱表面上，沿着螺旋线所形成的，具有相同剖面的连续凸起和沟槽。

螺纹的种类很多，按用途不同分为连接螺纹和传动螺纹；按牙型特点可分为三角形螺纹、矩形螺纹、锯齿形螺纹和梯形螺纹等，其中，三角形螺纹又包括普通螺纹、英制螺纹和管螺纹；按螺旋线方向可分为右旋螺纹和左旋螺纹；按螺旋线的多少又可分为单线螺纹和多线螺纹；按螺纹母体形状可分为圆柱螺纹和圆锥螺纹。

二、螺纹术语

① 大径（d、D）——假想圆柱面的直径。

② 中径（d_2、D_2）——与外螺纹牙顶或内螺纹牙底相重合的假想圆柱面的直径。外螺纹中径用 d_2 表示，内螺纹中径用 D_2 表示。

③ 小径（d_1、D_1）——与外螺纹牙底或内螺纹牙顶相重合的假想圆柱面的直径。外螺纹小径用 d_1 表示，内螺纹小径用 D_1 表示。

④ 牙型角（a）——两相邻牙侧间的夹角。普通三角形螺纹 a 为 60°。

⑤ 螺距（P）——相邻两牙在中径线上对应两点间的轴向距离。

⑥ 导程（P_h）——在同一螺旋线上的相邻两牙在中径线上对应两点间的轴向距离，即螺纹旋转一圈后沿轴向所移动的距离。单线时，$P_h=P$；n 线时，$P_h=nP$。

⑦ 牙型高度（h_1）——牙顶到牙底在垂直于螺纹轴线方向到其底边的距离。

⑧ 螺纹升角：在中径圆柱上，螺旋线的切线与垂直螺纹轴线的平面的夹角。

计算公式：

$$\tan\phi=P_h/\pi d_2$$

三、普通螺纹的尺寸计算和代号

1. 普通螺纹的尺寸计算公式

普通三角形螺纹的牙型如图 17-2 所示，普通螺纹的尺寸计算公式如表 17-1 所示。

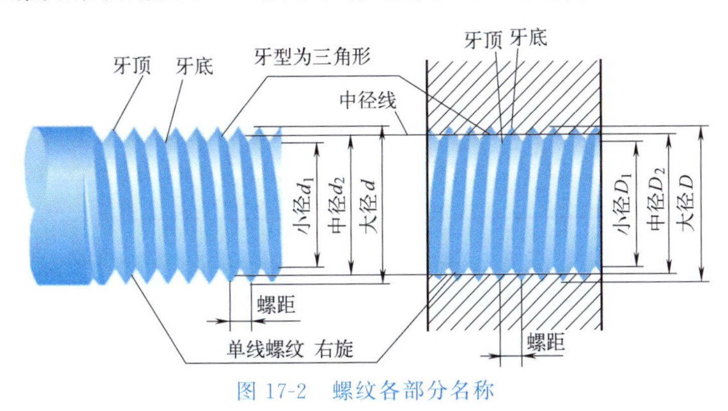

图 17-2　螺纹各部分名称

普通螺纹分为粗牙普通螺纹和细牙普通螺纹，牙型角均为60°，如图17-3所示。其区别是：当公称直径相同时，细牙普通螺纹的螺距较小。粗牙普通螺纹的代号是用字母“M”及公称直径表示的，如M15。细牙普通螺纹的代号是用字母“M”及公称直径×螺距表示的，如M24×2。

操作者必须熟记M6～M24的螺距，见表17-2。

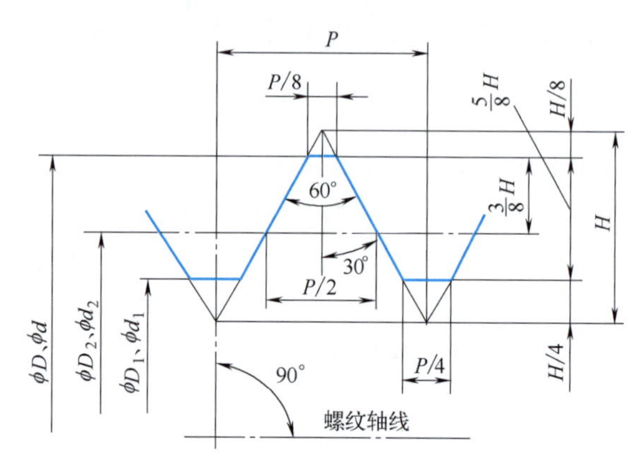

图17-3　普通螺纹的基本牙型

表17-1　普通螺纹主要尺寸计算方法

名称		计算公式
牙型角		60°
螺距(P)及导程(P_h)		P 由螺纹标准确定 $P_h=n\times P$　n 为螺纹线数
外螺纹牙高		$H/4=0.5413P$
外螺纹	大径(d)	$d=D$(公称直径)
	小径(d_1)	$d_1=d-1.0825\ P$
内螺纹	大径(D)	$D=d$
	小径(D_1)	$D_1=d-1.0825\ P$
中径(D_2、d_2)		$D_2=d_2=d-0.6495P$
齿底半径		$r=0.144P$

表17-2　M6～M24的螺距

公称直径	螺距 P	公称直径	螺距 P
6	1	16	2
8	1.25	18	2
10	1.5	20	2.5
12	1.75	22	2.5
14	2	24	3

2. 螺纹代号

(1) 普通螺纹

特征代号用字母“M”表示。M后的数字表示公称直径。如普通粗牙螺纹M12，螺距可以熟记或通过查阅标准获得。细牙螺纹必须标注螺距，如M16×1.25表示细牙普通螺纹，螺距为 1.25。常见的几种螺纹代号及用途见表 17-3。

表 17-3 常见的几种螺纹代号及用途

螺纹种类			特征代号	外形图	用途
连接螺纹	普通螺纹	粗牙	M		是最常用的连接螺纹
		细牙			用于细小的精密或薄壁零件
	管螺纹		G		用于水管、油管、气管等薄壁管子上，用于管路的连接
传动螺纹	梯形螺纹		Tr		用于各种机床的丝杠，作传动用
	锯齿形螺纹		B		只能传递单方向的动力

单线螺纹的尺寸代号为“公称直径×螺距”。

多线螺纹的尺寸代号为“公称直径×P_h 导程（P 螺距）”。

对左旋螺纹，应在旋合长度代号之后标注“LH”代号。

（2）管螺纹

有 55°密封管螺纹、55°非密封管螺纹和 60°圆锥管螺纹。55°密封管螺纹标记由螺纹特征代号和尺寸代号组成。

（3）英制螺纹

在我国应用较少，牙型角为 55°。螺距与公制换算公式：

$$P = 1\text{in}/n = 25.4/n$$

式中 P——螺距，mm；

n——齿数。

四、车三角形螺纹

1. 加工螺纹时车床的调整

在车削螺纹前，一般可按如下步骤进行调整：

① 从图样或相关资料中查出所需加工螺纹的导程，并在车床进给箱上表面的铭牌上找到相应的导程，读取相应的交换齿轮的齿数和手柄位置。

② 根据铭牌上标注的交换齿轮的齿数和手柄位置，进行交换和调整。

③ 在车削螺纹时，合上开合螺母，常采用的是开倒顺车法车削，以预防车螺纹时乱牙。

2. 螺纹车刀的装刀

车刀刀尖角的中心线必须与工件轴线严格保持垂直。车螺纹时的对刀方法如图 17-4 所示。

3. 车削三角形螺纹的方法

车削三角形螺纹的方法有低速车削和高速车削两种。低速车削使用高速钢螺纹车刀，高速车削使用硬质合金螺纹车刀。低速车削精度高、表面粗糙度值小，但效率低。高速车削效率高，能比低速切削提高 15～20 倍，只要措施合理，也可获得较小的表面粗糙度值。因此，高速车削螺纹在生产实践中被广泛采用。

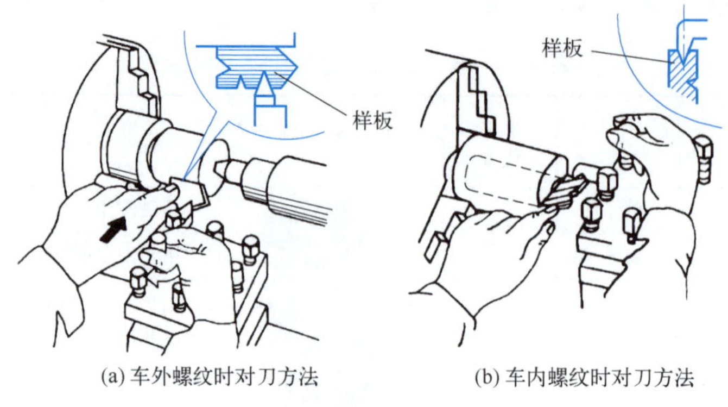

(a) 车外螺纹时对刀方法　　(b) 车内螺纹时对刀方法

图 17-4　车螺纹时的对刀方法

（1）低速车削的方法

常用的螺纹车削进给方式有三种，包括直进法、左右切削法和斜进法，其示意图如图 17-5 所示。

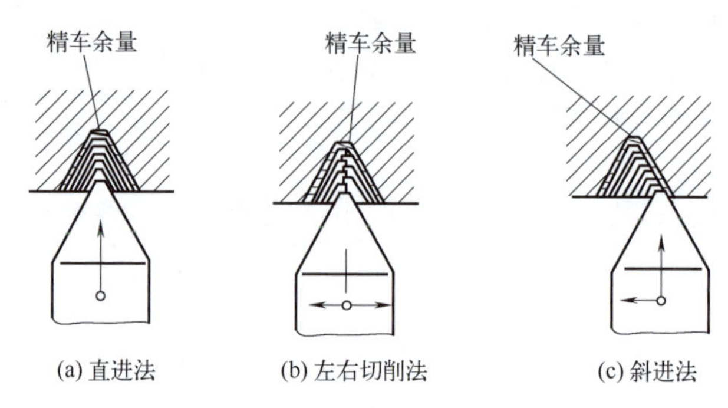

(a) 直进法　　(b) 左右切削法　　(c) 斜进法

图 17-5　车螺纹进给方式

① 直进法。车削时只用中滑板横向进给，在几次行程中把螺纹车成形，如图 17-5（a）所示。直进法车削螺纹容易保证牙型的正确性，但用这种方法车削时，车刀刀尖和两侧切削刃同时进行切削，切削力较大，容易产生扎刀现象，因此，只适用于车削螺距较小的螺纹。

② 左右切削法。车削时，除了用中滑板进给外，同时利用小滑板的刻度把车刀左、右微量进给（俗称借刀），这样重复切削几次工作行程，直至螺纹的牙型全部车好，这种方法叫作左右切削法，如图 17-5（b）所示。采用左右切削法车削螺纹时，车刀只有一个侧面进行切削，不仅排屑顺利，而且不易扎刀。但在精车时，车刀左右进给量一定要小，否则易造成牙底过宽或牙底不平。

③ 斜进法。粗车时为操作方便，除直进外，小滑板只向一个方向做微量进给，如图 17-5（c）所示。采用斜进法车削螺纹，操作方便、排屑顺利，不易扎刀，但只适用于粗车，精车时还必须用左右切削法来保证螺纹精度。

（2）高速车削的方法

高速车削三角形螺纹只能采用直进法，而不能采用其他进给方式，否则会拉毛牙型侧面，影响精度。可取较高的切削速度，如：车钢料使用 YT15 牌号的硬质合金螺纹车刀，切削速度可取 V_c＝50～100m/min。

高速车螺纹时应注意工件必须装夹牢固，应集中思想进行操作，尤其是车削带有台阶的螺纹时，要及时把车刀退出。高速车削三角形螺纹一般采用倒顺车法。

五、螺纹的测量

螺纹测量有单项测量和综合测量两种方法。

1. 单项测量

（1）螺距的测量

螺距一般用钢直尺或螺距规进行测量，如图 17-6（a）所示。用钢直尺测量时，因为普通螺纹的螺距一般较小，最好量 10 个螺距的长度，除以 10，就容易得出一个正确的螺距尺寸。测量螺距普遍采用螺距规。

测量英制螺纹、管螺纹，可通过测量 1in（1in＝2.54cm）中有 n 个牙来计算，螺距则等于 1in 除以 n。细牙螺纹或每 25.4mm 长度内牙数较多的管螺纹，可用螺距规来测量，如图 17-6（b）所示。

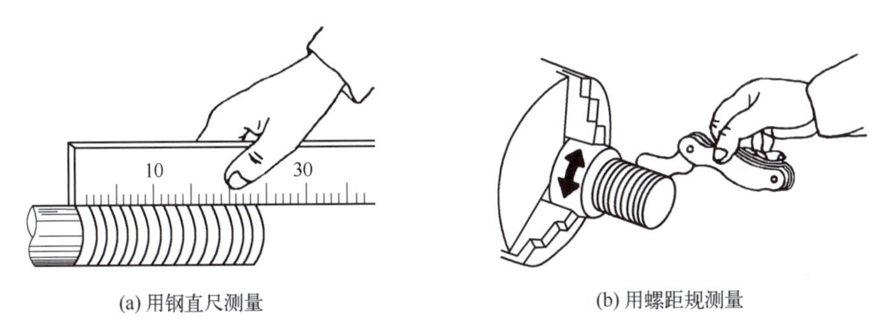

图 17-6　螺距的测量

（2）大径的测量

可使用游标卡尺或外径千分尺测量。

（3）中径的测量

三角螺纹的中径可用螺纹千分尺或用单针、三针测量法测量。

① 螺纹千分尺测量。测量时，螺纹千分尺应放平，使测头轴线与螺纹轴线相垂直。然后使 V 形测头与被测螺纹的牙顶部分相接触，锥形测头则与直径方向上的相邻槽底部分相接触，如图 17-7 所示。

② 单针或三针测量外螺纹中径。用单针、三针测量外螺纹中径是一种比较精密的测量方法，如图 17-8 所示。

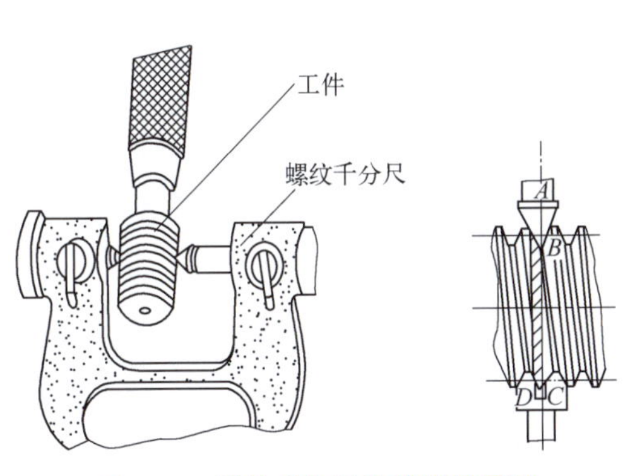

图 17-7　螺纹千分尺及其测量原理

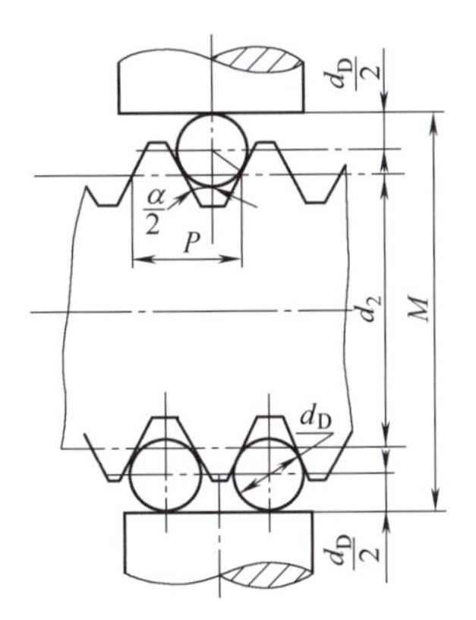

图 17-8　三针测量外螺纹中径

根据 M 值可以计算出螺纹中径的实际尺寸。M 值和中径的计算公式见表 17-4。

表 17-4 螺纹量针测量值及量针直径计算公式

牙型角	M 值计算公式	量针直径		
		最大值	最佳值	最小值
60°	$M=d_2+3d_D-0.866P$ 式中 d_2——螺纹中径； P——螺距	$d_D=1.01P$	$d_D=0.577P$	$d_D=0.505P$

2. 综合测量

螺纹的综合测量可使用螺纹量规。用螺纹塞规检验工件内螺纹，如图 17-9 所示；用螺纹环规检验工件外螺纹，如图 17-10 所示。

（1）螺纹塞规

测量工件时，只有通端能顺利旋合通过，而止端不能通过工件时，才表明该螺纹合格。

（2）螺纹环规

螺纹环规用来检测外螺纹，用螺纹环规的通端检验工件时，应能顺利旋入并通过工件的全部外螺纹。而用止端检验时，又不能通过工件的外螺纹，说明该螺纹合格。

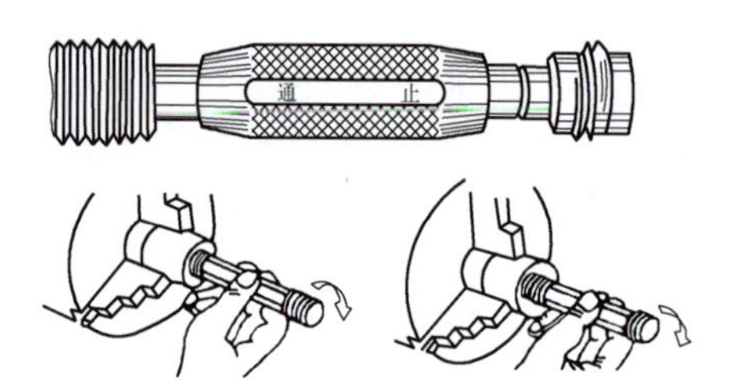

图 17-9 螺纹塞规

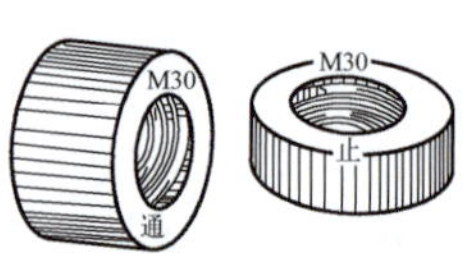

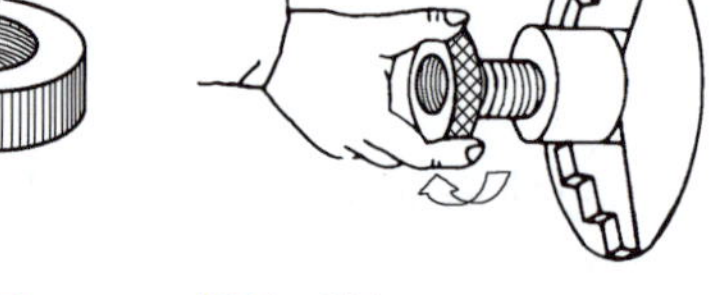

图 17-10 螺纹环规

六、车螺纹注意事项

1. 避免乱扣

车削三角形螺纹时，车刀偏离前一次进给车出的螺旋槽，称为“乱扣”或“乱牙”。这主要是由车床丝杠的螺距不是工件螺距整数倍的情况造成的。

预防方法是采用倒顺车法：退刀时不打开开合螺母，而是开倒车机动退刀，车刀与工件的位置始终对应，不发生乱扣。

2. 加工过程中不要卸下工件或刀具

如需换刀就必须使刀尖与螺纹槽吻合，仔细对刀，以免产生乱扣。

3. 保证螺纹中径准确

根据牙型高度，严格控制总背吃刀量，最后用螺纹量具检验和测量。

七、任务实施

1. 图样分析

根据图样（图 17-1）可知，丝堵属于较简单的螺纹工件，由于螺距不大，三角形螺纹车削方法可采用低速、直进、开倒顺车法来车削。能否保证质量要求是练习的难点和重点。

2. 加工准备

① 看图样，了解加工内容，并检测工件加工余量。

② 车刀包括螺纹（螺距 2.5）车刀及 45°、90°车刀和切断刀。

③ 选择好切削用量，根据所需的转速和进给量，调节好车床上手柄的位置。

④ 材料 45 钢，毛坯为 ϕ40×45mm 圆棒。

⑤ 设备、工量具准备。CA6140A 车床；0～25mm 千分尺、25～50 mm 千分尺、150mm 游标卡尺；螺纹规以及 M20 螺纹环规或普通螺母。

3. 任务实施

（1）加工步骤

夹紧工件伸出长度大约 60mm→车端面、车出即可→车外圆 ϕ36、长度略大于 46→车外圆 ϕ20、长度 34→车沟槽 4×3（左刀尖定位）→倒角→粗、精车螺纹→切断，控制长约 44（右刀尖定位）→调头装夹车端面，长度 42mm±0.5mm。

（2）注意事项

① 退刀和倒车（或抬起开合螺母）必须及时，动作协调。初学者可事先进行空行程练习。

② 初学车螺纹，一般采用较低的切削速度，并特别注意在练习操作过程中精神要高度集中。

③ 车螺纹时，只有在检验螺纹合格后，才可抬起开合螺母。

4. 考核评价

车削丝堵（三角形螺纹）评分标准见表 17-5。

表 17-5 车削丝堵（三角形螺纹）评分标准

序号	考核项目及要求		评分标准	配分	互检	质检	评分
1	尺寸精度	ϕ36	超差扣 5 分	10			
2		4×3	超差扣 3 分	6			
3		43	超差扣 5 分	10			
4		34	超差扣 5 分	10			
5		C1,C2	超差扣 10 分	4			
6	螺纹	M20(螺母检验)	超差扣 10 分	25			
7		技术要求	超差扣 10 分	25			
8	管理	安全文明及现场管理	违反一次扣 5 分	10			
合计				100			
姓名	学号	班级	分数				

练习题

一、选择题

1. 高速车削螺纹时，应选用（　　）加工。

A. 直进法　　B. 斜进法　　C. 左右切削法

2. 公制螺纹的牙型角是（　　）。

A. 55°　　B. 30°　　C. 60°

3. 影响螺纹配合性质的主要原因是螺纹（　　）径的实际尺寸。

A. 大　　B. 小　　C. 中　　D. 孔

4. 普通螺纹 M24×2 的中径比 M24×1 的中径（　　）。

A. 大　　B. 小　　C. 相等　　D. 无法确定

5. 普通粗牙螺纹 M20 的螺距是（　　）。

A. 2　　B. 2.5　　C. 3　　D. 3.5

6. 英制螺纹的牙型角是（　　）。

A. 30°　　B. 29°　　C. 60°　　D. 55°

7. 精车精度要求高的螺纹时，刀具材料一般应选用（　　）。

A. 工具钢　　B. 合金钢　　C. 硬质合金　　D. 高速钢

8. 高速车削螺纹时，只能采用（　　）。

A. 斜进法　　B. 直进法　　C. 左右切削法　　D. 车直槽法

9. 车削 M36×2 的内螺纹，工件材料为 45 钢，则车削内螺纹前的孔径尺寸为（　　）。

A. 34　　B. 33.9　　C. 33.835　　D. 36

10. 安装螺纹车刀时，其刀尖角的对称线与（　　）必须垂直，否则车出的牙型歪斜。

A. 顶尖　　B. 外圆表面　　C. 工件轴线　　D. 螺纹大径

11. 在丝杠螺距为 6mm 的车床上车削（　　）螺纹不会产生乱牙。

A. M8　　B. M12　　C. M20　　D. M24

12. 螺纹量规是检验螺纹（　　）的一种方便工具。

A. 牙型角　　B. 综合参数　　C. 螺纹精度　　D. 大径

13. 螺纹千分尺可测量三角形外螺纹的（　　）。

A. 大径　　B. 中径　　C. 小径　　D. 螺距

二、判断题

1. 车削螺纹时丝杠的旋转由溜板箱中的开合螺母闭合实现。（　　）

2. 螺纹车刀刀杆的刚性差，不会造成螺纹表面粗糙度较差。（　　）

3. 螺纹量规可对螺纹的各项尺寸进行综合测量。（　　）

项目十八

传动轴的加工

学做目标：

1. 熟练掌握车床传动轴车削、划线、钻孔、铣削、磨削的方法和步骤；
2. 能制订车床传动轴的加工工艺；
3. 能熟练操作机床独立完成车床传动轴的加工，并保证相关技术要求；
4. 掌握行业标准与规范的查阅与使用；
5. 能查阅有关资料和自我学习，并能灵活运用理论知识解决实际问题；
6. 能具有良好的思想道德素质和健康的心理，能够承受较强的工作负荷及工作、生活中的各种压力；
7. 能具有职业健康、环保、安全、创新、创业意识和团队协作、独立工作、应对突发事件等能力。

机械加工任务：

独立加工符合技术要求的车床传动轴，零件图如图 18-1 所示。要求每人 2 学时，制订合理的工艺过程，并正确填写工艺文件，保证相关技术要求。

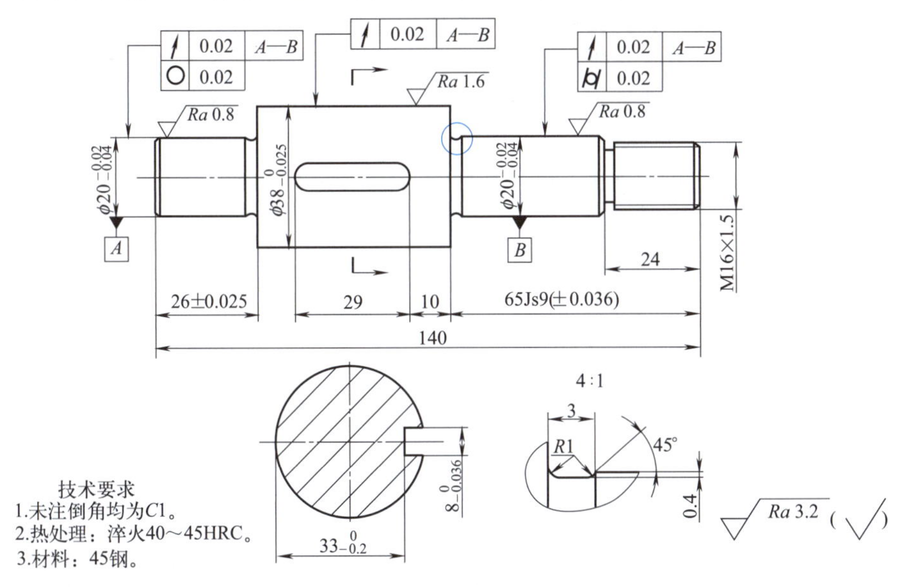

图 18-1 车床传动轴

任务　车传动轴

车床传动轴的加工（一）

车床传动轴的加工（二）

一、图样分析（图 18-1）

轴颈 ϕ38mm 的尺寸精度为 IT7，表面粗糙度 Ra 值为 1.6μm；两支撑轴颈 ϕ20mm 与轴承配合，精度和表面质量要求较高，其尺寸精度为 IT7，表面粗糙度 Ra 值为 0.8μm；右端轴颈 ϕ20mm 的外圆上圆柱度公差为 0.02mm；左端轴颈 ϕ20mm 的外圆上圆度公差为 0.02mm；轴上各主要轴颈对两端轴颈的公共轴线的径向圆跳动公差为 0.02mm，以保证齿轮运转平稳，其余表面的表面粗糙度 Ra 值为 3.2μm，主要表面淬火硬度达到 40～45HRC。

二、加工准备

1. 毛坯

材料为 45 钢，毛坯为 $\phi40\times145$mm 的圆钢。

2. 设备

CA6140A 车床；X6132 铣床；数控热处理炉；磨床。

3. 工艺装备

三爪卡盘；前后顶尖；弯尾鸡心夹头；90°硬质合金车刀与 45°硬质合金车刀；切槽刀与切断刀，螺纹车刀、键槽铣刀、钻头、水槽、夹钳等。

4. 工具、量具

划针、平台、方箱、样冲、铁锤、V 形铁；钢直尺、游标卡尺、千分尺、百分表、高度游标卡尺、螺纹环规、水槽、夹钳、铜棒、垫铁、平口钳等。

三、工艺路线拟定

1. 加工方案

（1）车削加工方案

圆钢下料→正火→三爪卡盘装夹→车两端面、钻中心孔→一夹一顶→粗车左端各外圆、掉头粗车另一端各外圆→调质→两顶尖装夹→半精车左端各外圆→车越程槽→倒角→掉头半精车另一端各外圆、车越程槽与退刀槽→倒角→车三角形外螺纹→检验→修研中心孔。

（2）铣削加工方案

划线→平口钳装夹→粗铣键槽→精铣键槽→表面淬火→检验。

（3）磨削方案

两顶尖装夹→粗磨→精磨→检验。

2. 工艺过程拟定

传动轴的加工工艺过程见表 18-1。

表 18-1　传动轴的加工工艺过程

工序号	工序内容	定位基准
1	锻造(圆钢下料)	
2	正火	
3	车端面、钻中心孔	外圆柱面

续表

工序号	工序内容	定位基准
4	粗车左端各外圆，掉头粗车另一端各外圆	外圆柱和一中心孔
5	调质	
6	半精车左端各外圆、倒角，掉头半精车另一端各外圆，切槽、倒角，车螺纹	外圆柱面和一中心孔
7	粗、精铣键槽	外圆柱面和一端面
8	表面淬火	
9	修研中心孔	
10	粗磨三外圆	两中心孔
11	精磨三外圆	两中心孔
12	检验	

四、填写工艺文件

车床传动轴机械加工工艺过程卡见表 18-2。

表 18-2 车床传动轴机械加工工艺过程卡

××职院	机械加工工艺过程卡		产品型号		零件图号		共 页	
			产品名称		零件名称		第 页	
材料牌号		毛坯种类 毛坯外形尺寸			每毛坯件数	每台件数	备注	
工序号	工序名称	工序内容	车间	工段	设备	工艺装备	工时	
							准终	单件
班级		制定		审核		指导		日期

五、任务实施

1. 组织方式

五位同学一组或独立制订合理的工艺过程。

2. 加工车床传动轴

按照图纸的技术要求，使用机床设备及装备等独立加工出传动轴。

3. 车间管理

按车间 6S 要求做好各项工作，教师现场巡视和安全检查。

4. 注意事项

① 严格遵守安全操作规程；

② 注意安全，防止鸡心夹头钩衣伤人；

③ 鸡心夹头必须牢靠地夹住工件，以防车削时移动、打滑，损坏刀具。

5. 任务评价

车床传动轴加工完成后，按“车床传动轴加工考核评分标准”评定，见表 18-3。

① 由 2 名质检员进行质量检验，并给出车床传动轴工资（1000 元为最高工资）。

② 交件后，再由老师进行质量检验并给出车床传动轴工资，（质检＋终检）/2，为该名学生零件工资，再除以 10 为该名学生车床传动轴成绩。

表 18-3　车床传动轴加工考核评分标准

序号	考核项目	考核内容及要求	配分	评分标准	成绩	
					质检	终检
1	尺寸精度	ϕ20(2 处)	10	超差扣 5 分		
2		ϕ38	10	超差扣 5 分		
3		M16	5	超差扣 2 分		
4		140、65、26、33、8	15	超差一处扣 3 分		
5	形位公差	径向跳动(3 处)	6	超差扣 2 分		
6		圆度	6	超差扣 3 分		
7		圆柱度	6	超差扣 3 分		
8	表面粗糙度	$Ra\leqslant0.8\mu m$(2 处)	6	每降一级扣 2 分		
9		$Ra\leqslant1.6\mu m$	2	每降一级扣 1 分		
10	倒角	$C1$(4 处)、$C2$	4	超差不得分		
11	保养与维护	正确、规范使用设备，合理维护、保养设备、工具、量具等	10	不符合要求，酌情扣分		
12	安全操作文明生产	操作姿势、动作规范	5	不符合要求，酌情扣分		
13		符合安全操作规程	10	不符合要求，酌情扣分		
14	时间定额	60 分钟	5	超时 15 分钟不得分		
合计			100			
姓名：　班级：　学号：　总分：						

模块四

轴承套加工

项目十九

内孔的加工

学做目标：

1. 掌握孔的基础知识；

2. 掌握孔的加工方法和测量方法；

3. 掌握常用铸铁的牌号、性能和应用；

4. 能车出符合技术要求的内孔零件；

5. 掌握行业标准与规范的查阅与使用；

6. 能查阅有关资料和自我学习，并能灵活运用理论知识解决实际问题；

7. 能具有良好的思想道德素质和健康的心理，能够承受较强的工作负荷及工作、生活中的各种压力；

8. 能具有职业健康、环保、安全、创新、创业意识和团队协作、独立工作、应对突发事件等能力。

机械加工任务：

车内孔练习工件属于通孔，如图 19-1 所示，孔的精度要求 IT10 级，长度精度 IT11 级。

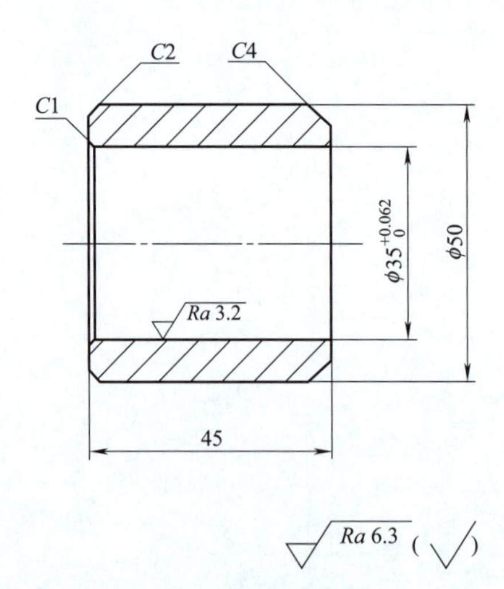

图 19-1 轴套工件

任务　车　内　孔

钻中心孔

很多机器零件如齿轮、轴套、带轮等，不仅有外圆柱面，而且有内圆柱面（内孔）。一般情况下，通常采用钻孔、扩孔、车孔和铰孔等方法来加工内孔工件。

一、孔的加工方法

常用的孔加工刀具包括中心钻、麻花钻、机用铰刀和各种类型的内孔车刀等。

1. 钻孔方法

（1）钻头的选用

对于精度要求不高的内孔，可用麻花钻直接钻出；对于精度要求较高的孔，钻孔后还要再经过扩孔、车孔、铰孔才能完成。在选用麻花钻时应留出下道工序的加工余量。选用麻花钻长度时，一般应使麻花钻螺旋槽部分略长于孔深。

（2）麻花钻的安装

常用的两种方法。一是直柄麻花钻用钻夹头装夹，再将钻夹头的锥柄插入尾座锥孔内，适用于≤ϕ12 较小孔的加工；二是锥柄麻花钻直接或用莫氏过渡锥套插入尾座锥孔中，适合较大孔的加工。

（3）钻孔时切削用量的选择

切削速度：用高速钢麻花钻钻钢料时，切削速度一般选 v_c=15～30m/min；钻铸件时 v_c=75～90m/min，扩孔时切削速度可略高一些。

进给量：在车床上是用手慢慢转动尾座手轮来实现进给运动的。进给量太大会使钻头折断，用直径为 ϕ12～25 的麻花钻钻钢料时，选 f=0.15～0.35mm/r；钻铸件时，进给量略大些，一般选 f=0.15～0.40mm/r。

背吃刀量：钻孔时的切削深度是钻头直径的 1/2。

（4）钻孔的步骤

① 钻孔前先将工件端面车平，中心处不许留有凸台，以利于钻头正确定心。

② 找正尾座，使钻头中心对准工件旋转中心，否则可能会使孔径钻大、钻偏甚至折断钻头。

③ 用中心钻或≤ϕ5mm 的麻花钻先钻孔，便于定心且钻出的孔同轴度好。

④ 小孔径可以一次钻出，若孔径超过 30mm，则不宜直接钻出。可先用一支小钻头钻出底孔，再用大钻头扩出所要求的尺寸，一般情况下，第一支钻头直径为第二支钻孔直径的 0.5～0.7 倍。

⑤ 钻盲孔与钻通孔的方法基本相同，不同的是钻盲孔时需要控制孔的深度，具体操作方法为利用尾座手轮，当钻尖开始切入工件端面时，用钢直尺量出尾座套筒的伸出长度，那么钻盲孔的深度就应该控制为所测伸出长度加上孔深，也可利用尾座手轮转过的圈数（常见的为 5mm/圈）来确定。

⑥ 扩孔的操作与钻孔的操作基本相同。

2. 车孔方法

孔的形状不同，车孔的方法也有差异。

（1）车通孔

直通孔的车削基本上与车外圆相同，只是进刀和退刀的方向与其相反。在粗车或精车时

车孔与铰孔（一）

车孔与铰孔（二）

钻孔与扩孔

也要进行试切削。车孔时的切削用量要比车外圆时适当减小些，特别是车小孔或深孔时，其切削用量应更小。

（2）车台阶孔

车直径较小的台阶孔时，由于观察困难，尺寸精度不易掌握，所以常采用粗、精车小孔，再粗、精车大孔。

车大的台阶孔时，在便于测量小孔尺寸而视线又不受影响的情况下，一般先粗车大孔和小孔，再精车小孔和大孔。

（3）车孔深度的控制

控制车孔深度通常采用粗车时在刀柄上刻线痕做记号或用床鞍刻线来控制等，精车时需用小滑板刻度盘或游标深度尺等来控制车孔深度。

（4）车盲孔

车盲孔时，其内孔车刀的刀尖必须与工件的旋转中心等高，否则不能将孔底车平。检验刀尖中心高的简便方法是车端面时进行对刀，若端面能车至中心，则盲孔底面也能车平。

3. 铰孔方法

（1）铰孔余量的确定

铰孔余量一般为0.08～0.15mm，用高速钢铰刀铰削余量取小值，用硬质合金铰刀取大值。

（2）准备工作

第一，找正尾座中心；第二，移动尾座，使铰刀移至离工件端面5～10mm处，然后锁紧尾座；第三，检查铰刀质量，检查铰刀刃口是否锋利和完好无损以及铰刀尺寸公差是否适宜。

（3）铰孔方法

① 铰通孔。摇动尾座手轮，使铰刀的引导部分轻轻进入孔口，深度1～2mm。启动车床，加注充分的乳化液，双手均匀摇动尾座手轮，进给量约0.5mm/r。铰刀切削部分的3/4超出孔的末端时，反向摇动尾座手轮，将铰刀从孔内退出，将内孔擦净，检查孔径尺寸。

② 铰盲孔。操作基本同铰通孔，手动进给当感觉到轴向切削抗力明显增加时，表明铰刀端部已到孔底，应立即将铰刀退出。

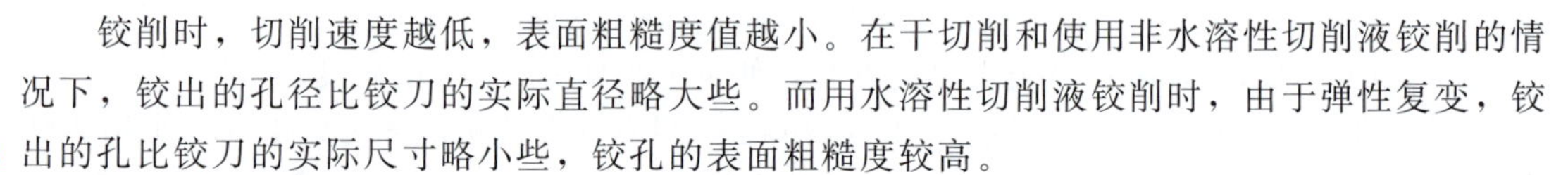

铰削时，切削速度越低，表面粗糙度值越小。在干切削和使用非水溶性切削液铰削的情况下，铰出的孔径比铰刀的实际直径略大些。而用水溶性切削液铰削时，由于弹性复变，铰出的孔比铰刀的实际尺寸略小些，铰孔的表面粗糙度较高。

二、内孔测量

内孔精度低的可用游标卡尺测量，精度要求高的可采用以下几种方法测量。

1. 用塞规测量

塞规由通端、止端和手柄组成，如图19-2所示。测量时通端过而止端不过，说明孔径尺寸合格。塞规测量适用于批量生产。

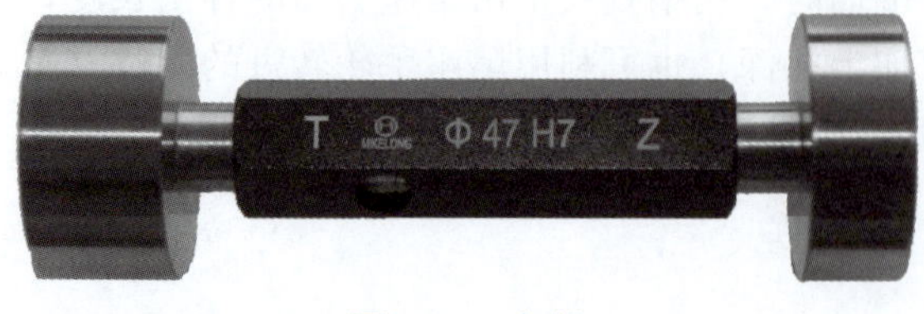

图19-2　塞规

2. 用内测千分尺测量

内测千分尺外形如图19-3所示。

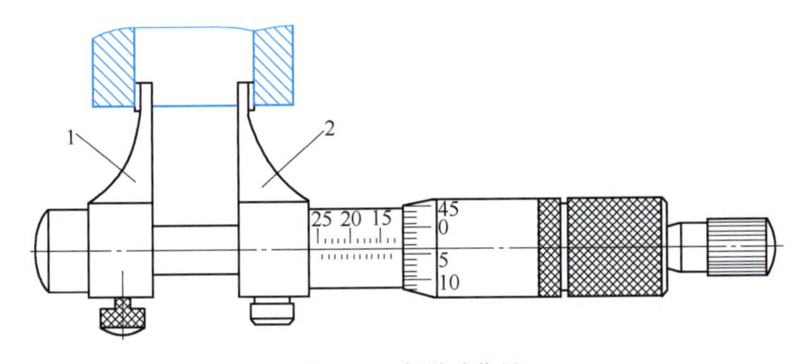

图 19-3　内测千分尺

1—固定量爪；2—活动量爪

内测千分尺的刻线方向与外径千分尺相反。当顺时针旋转微分筒时，活动爪向右移动，测量值增大，可用于测量 5～30mm 的孔径。内测千分尺测量精度低于其他类型的千分尺。

3. 用内径百分表测量

用内径百分表测量内径如图 19-4 所示。

测量前，应根据被测孔径的基本尺寸，用千分尺或其他量具将其调整好（表针应对准零位）。测量时，必须摆动内径百分表，所得到的最小尺寸是孔的实际尺寸。

车内孔练习工件属于通孔，孔的精度要求为 IT10 级，长度精度为 IT11 级。

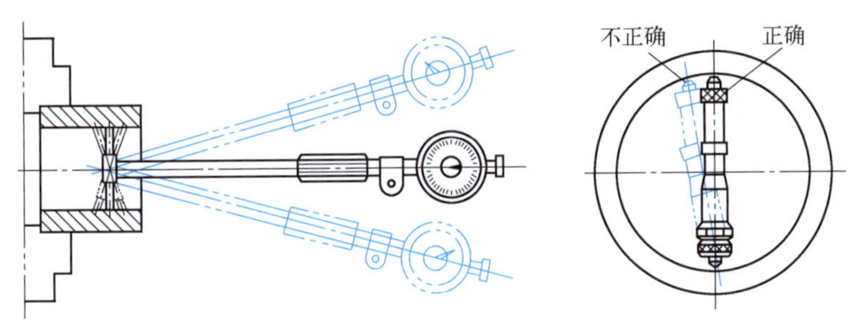

图 19-4　内径百分表测量方法

三、任务实施

1. 加工准备

① 看图样（图 19-1），了解加工内容，并检测毛坯及加工余量。

② 材料 45 钢，毛坯 ϕ52×50mm 圆钢。

③ 安装好 45°、90°车刀及内孔车刀，并装夹好工件。

④ 选择好切削用量，根据所需的转速和进给量调节好车床上手柄的位置。

⑤ 设备、工量具准备。CA6140A 车床；25～50mm 千分尺、150mm 游标卡尺、内径量表；麻花钻 ϕ15、ϕ32。

2. 车削步骤

① 用三爪卡盘夹住外圆、校正、夹紧。用 45°车刀车端面。

② 调头夹持，车端面，控制长度 45 mm。

③ 用 ϕ15 钻通孔，用 ϕ32 钻扩孔。

④ 粗车 ϕ35 内孔，单边留 0.5mm 精车余量。

⑤ 精车 ϕ35 内孔到尺寸。

⑥ 倒角 4×45°，检查工件尺寸，取下工件。

⑦ 调头装夹后倒角 $C1$、$C2$。

3. 注意事项

① 孔壁和内平面相交处要清角。

② 用内径百分表测量时不能超过其量程。

4. 考核评价

轴套的加工考核评分标准见表 19-1。

表 19-1　轴套的加工考核评分标准

序号	考核项目及要求		评分标准	配分	互检	质检	评分
1	尺寸精度	$35^{0}_{0.062}$	超差扣 10 分	20			
2		50	超差扣 5 分	10			
3		45	超差扣 5 分	10			
4	表面粗糙度	Ra≤6.3(3 处)	超差扣 5 分	15			
		Ra≤3.2	超差扣 5 分	10			
5	倒角	4×45°、$C1$、$C2$	超差不得分	5			
6	管理	安全文明及现场管理	违反一次扣 3 分	30			
合计				100			

姓名　　　　学号　　　　班级　　　　分数

练习题

一、选择题

1. 直通孔的车削基本上与车外圆相同，只是（　　）。

A. 进刀和退刀的方向与其相同　　B. 进刀和退刀的方向与其相反

2. 用塞规测量孔类零件适用于（　　）生产。

A. 单件生产　　B. 小批量生产　　C. 大批量生产

3. 以外圆为基准保证工件位置精度时，一般选用（　　）装夹工件。

A. 软卡爪　　B. 一夹一顶　　C. 小锥度心轴　　D. 螺纹心轴

4. 标准麻花钻的顶角是（　　）。

A. 120°　　B. 118°　　C. 90°　　D. 55°

5. 麻花钻的顶角不对称，会使钻出的孔径（　　）。

A. 扩大　　B. 歪斜　　C. 扩大和歪斜　　D. 缩小和歪斜

6. 钻孔时的背吃刀量是（　　）。

A. 钻孔深度　　B. 钻头直径

C. 钻孔深度的一半　　D. 钻头直径的一半

7. 扩孔钻可对孔进行（　　）加工。

A. 超精　　B. 粗　　C. 精　　D. 半精

8. 不通孔车刀刀尖在刀杆的最前端，刀尖与刀杆外端的距离应（　　），否则孔的底平面就无法车平。

A. 大于内孔半径　　B. 小于内孔半径

C. 大于内孔直径　　D. 小于内孔直径

9. 车孔的关键技术是解决内孔（　　）问题。

A. 车刀的刚性　　B. 排屑

C. 车刀的刚性和排屑　　D. 车刀的刚性和冷却

10. 使用高速钢铰刀铰削45钢时，铰削余量应留（　　）mm。

A. 0.10　　B. 0.20　　C. 0.30　　D. 0.50

二、判断题

1. 用塞规测量孔类零件适用于大批量生产。（　　）

2. 用内径百分表测量孔类零件不能超过其量程。（　　）

3. 控制车孔深度的方法通常采用粗车时在刀柄上刻线痕做记号或用床鞍刻线来控制等，精车时需用小滑板刻度盘或游标深度尺等来控制车孔深度。（　　）

项目二十

轴承套的加工

学做目标：

1. 了解套类零件的结构特点及作用；
2. 掌握孔的加工与测量方法；
3. 能制订轴承套的加工工艺；
4. 能熟练操作机床独立完成轴承套的加工，并保证相关技术要求；
5. 掌握行业标准与规范的查阅与使用；
6. 能查阅有关资料和自我学习，并能灵活运用理论知识解决实际问题；
7. 能具有良好的思想道德素质和健康的心理，能够承受较强的工作负荷及工作、生活中的各种压力；
8. 能具有职业健康、环保、安全、创新、创业意识和团队协作、独立工作、应对突发事件等能力。

机械加工任务：

独立加工出符合技术要求的轴承套，如图 20-1 所示。要求每人 1.5 学时，制订合理的工艺过程，并正确填写工艺文件，保证相关技术要求。

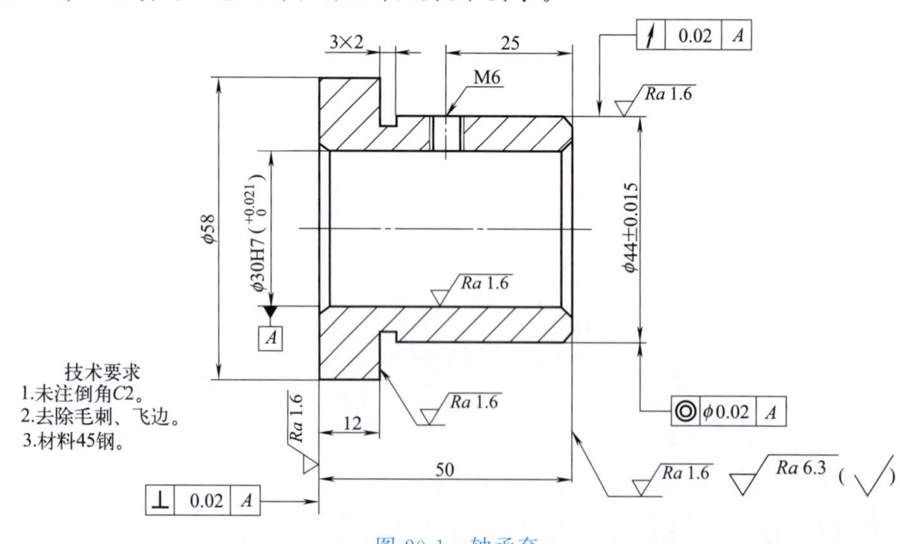

图 20-1　轴承套

任务　加工轴承套

轴承套加工（一）

轴承套加工（二）

一、图样分析

（一）图样分析

1. 功用

支撑和导向。

2. 结构

结构要素由孔、外圆、端面、内螺纹孔和沟槽组成。零件工作时主要承受径向载荷和轴向载荷。主要工作表面为内圆、外圆表面，其形状精度和位置精度要求较高，孔壁较薄且易变形。

3. 技术要求

小外圆及内孔尺寸精度均为IT7，表面粗糙度 Ra 均为 1.6μm，两端端面的表面粗糙度 Ra 均为 1.6μm；其余表面粗糙度 Ra 均为 6.3μm；外圆 $\phi(44\pm0.015)$mm 对 ϕ30H7 孔的同轴度公差为 0.02mm；左端面规定了对 ϕ30H7 孔的垂直度公差为 0.02mm。

（二）材料分析、热处理及毛坯的确定

轴承套零件在工作中要求耐磨，一般选择材料 HT200 满足使用要求。其形状比较简单，精度中等，大外圆尺寸 ϕ58mm，毛坯可选用 ϕ60mm 的 45 钢棒料，并进行正火处理。

二、加工准备

1. 毛坯

材料为 45 钢，毛坯为 $\phi60\times53$mm 圆钢。

2. 设备

CA6140A 车床、Z32 钻床。

3. 工艺装备

三爪卡盘，中心钻，45°、90°硬质合金车刀，内孔车刀，切槽刀，铰刀，钻头，丝锥、搬杠、平台、方箱等。

4. 工具、量具

游标卡尺、千分尺、塞规、百分表、万能角度尺、钻夹头及钻套。

三、工艺路线的拟定

1. 加工方案

下料→正火→粗车、精车小端面→钻中心孔→粗、精车外圆→钻孔、扩孔→粗、精车内孔→铰孔→车沟槽→倒角→调头车大端面→倒角→钻孔→攻螺纹。

2. 工艺过程拟定

轴承套的加工工艺过程见表 20-1。

表 20-1　轴承套的加工工艺过程

序号	工序名称	工序内容	定位基准
1	备料	下料 $\phi60\times53$mm 圆钢	
2	热处理	正火	

续表

序号	工序名称	工序内容	定位基准
3	车	粗车、精车小端面，钻中心孔；粗车、精车 ϕ44mm 外圆；车槽 3×2mm；倒角	外圆
4	钻孔	钻孔、扩孔至 ϕ32mm	外圆
5	车	粗车、精车内孔至 ϕ29mm	外圆
6	铰孔	铰孔至 ϕ30mm	外圆
7	车	粗车、精车大端面；车外圆至 58mm；倒角	外圆
8	钳工	划线、钻孔 ϕ5.8；攻螺纹 M6	
9	检	检验	

四、填写工艺文件

轴承套加工工艺过程卡见表 20-2。

表 20-2　轴承套加工工艺过程卡

××职院		机械加工工艺过程卡	产品型号		零件图号		共　页		
			产品名称		零件名称		第　页		
材料牌号		毛坯种类　毛坯外形尺寸			每毛坯件数		每台件数	备注	
工序号	工序名称	工序内容	车间	工段	设备	工艺装备		工时	
								准终	单件
班级		制定		审核		指导		日期	

五、任务实施

1. 组织方式

五位同学一组或独立制订合理的工艺过程。

2. 加工轴承套

按照图纸的技术要求，使用车床等独立加工出轴承套。

3. 车间管理

按车间 6S 要求做好各项工作，教师现场巡视和安全检查。

4. 注意事项

① 严格遵守安全操作规程。

② 车孔时注意退刀方向。

③ 由于刀杆刚性差，易引起振动，因此切削用量应比车外圆小些。

④ 铰孔转速越低，表面粗糙度值才能越小。

⑤ 铰刀刀刃上如有切屑粘附，不可用手清除，可用毛刷清除。

5. 任务评价

轴承套加工完成后，按“轴承套加工考核评分标准”评定，见表 20-3。

① 由 2 名质检员进行质量检验，并给出工件工资（1000 元为最高工资）。

② 交件后，再由老师进行质量检验并给出工件工资，（质检＋终检）/2，为该名学生工件工资，再除以 10 为该名学生轴承套成绩。

表 20-3 轴承套加工考核评分标准

序号	考核项目	考核内容及要求	配分	评分标准	成绩	
					质检	终检
1	外圆尺寸	ϕ44	10	超差扣 5 分		
2		ϕ30	10	超差扣 5 分		
3		ϕ58	2	超差不得分		
4		M6	1	超差不得分		
5	形位公差	径向跳动	10	超差扣 5 分		
6		垂直度	10	超差扣 5 分		
7		圆柱度	10	超差扣 5 分		
8	长度尺寸	50	1	超差不得分		
9		25	1	超差不得分		
		12	1	超差不得分		
		3×2	2	超差不得分		
10	表面粗糙度	$Ra \leqslant 1.6\mu m$(5 处)	5	每降一级扣 2 分		
11		$Ra \leqslant 6.3\mu m$	2	超差不得分		
12	倒角	C2(10 处)	5	超差不得分		
13	工具、设备的使用保养与维护	正确、规范使用工具、量具；合理维护、保养工具、量具、刃具	5	不符合要求，酌情扣分		
14		正确、规范使用设备，合理维护、保养设备	5	不符合要求，酌情扣分		
15	安全文明生产	操作姿势正确，动作规范	5	不符合要求，酌情扣分		
16		符合安全操作规程	10	不符合要求，酌情扣分		
17	时间定额	60 分钟	5	超过 15 分钟扣 4 分，超过 30 分钟为不合格		
合计			100			
姓名： 班级： 学号： 总分：						

参考文献

[1] 张辛喜. 机械制造基础 [M]. 北京：机械工业出版社，2009.
[2] 陈明. 金工实训 [M]. 北京：科学出版社，2012.
[3] 崔明铎. 机械制造基础 [M]. 北京：清华大学出版社，2008.
[4] 陈宏钧. 机械加工常用标准便查手册 [M]. 北京：中国标准出版社，2016.
[5] 尹成湖，周湛学. 机械加工工艺简明速查手册 [M]. 北京：化学工业出版社，2016.
[6] 褚全兴，侯慧人. 金属切削手册（第四版）[M]. 上海：上海科学技术出版社，2011.
[7] 刘艳. 金工实训 [M]. 西安：西北工业大学出版社，2012.
[8] 乔世民. 机械制造基础 [M]. 北京：高等教育出版社，2008.
[9] 朱丽君. 车工实训与技能考核训练教程 [M]. 北京：机械工业出版社，2008.
[10] 劳动和社会保障部，中国就业培训技术指导中心. 车工（初级技能、中级技能、高级技能）[M]. 北京：中国劳动社会保障出版社，2002.
[11] 职业技能教材，职业技能鉴定编审委员会. 铣工（初级、中级、高级）[M]. 北京：中国劳动出版社，1996.
[12] 机械工业职业技能鉴定指导中心. 车工技能鉴定考核试题库 [M]. 北京：机械工业出版社，2004.
[13] 杨若. 金工实习 [M]. 北京：高等教育出版社，2005.
[14] 魏静姿，杨桂娟. 机床加工工艺 [M]. 北京：机械工业出版社，2009.
[15] 侯云霞，梁东明. 机械加工综合实训 [M]. 北京：中国水利水电出版社，2013.
[16] 姜敏凤. 机械工程材料及成形工艺 [M]. 北京：高等教育出版社，2014.
[17] 顾维邦. 金属切削机床概论 [M]. 北京：机械工业出版社，1999.
[18] 郑伟，严敏德. 车工（中级）[M]. 北京：中国劳动社会保障出版社，2002.
[19] 叶云良，张习格，孙强. 车工（初·中级）[M]. 北京：机械工业出版社，2006.
[20] 劳动和社会保障部教材办公室. 车工技能训练 [M]. 北京：中国劳动社会保障出版社，2005.
[21] 机械工业职业教育研究中心. 磨工技能实战训练 [M]. 北京：机械工业出版社，2005.
[22] 黄晓明. 工程材料与热处理 [M]. 北京：机械工业出版社，2009.
[23] 高美兰. 金工实习 [M]. 北京：机械工业出版社，2006.
[24] 邵伟平. 机械加工基础训练 [M]. 北京：化学工业出版社，2021.